Md Sarwar Jahan

Produção de arroz sob diferentes entradas de água

Md Sarwar Jahan

Produção de arroz sob diferentes entradas de água

ScienciaScripts

Imprint
Any brand names and product names mentioned in this book are subject to trademark, brand or patent protection and are trademarks or registered trademarks of their respective holders. The use of brand names, product names, common names, trade names, product descriptions etc. even without a particular marking in this work is in no way to be construed to mean that such names may be regarded as unrestricted in respect of trademark and brand protection legislation and could thus be used by anyone.

Cover image: www.ingimage.com

This book is a translation from the original published under ISBN 978-3-659-85447-7.

Publisher:
Sciencia Scripts
is a trademark of
Dodo Books Indian Ocean Ltd. and OmniScriptum S.R.L publishing group

120 High Road, East Finchley, London, N2 9ED, United Kingdom
Str. Armeneasca 28/1, office 1, Chisinau MD-2012, Republic of Moldova, Europe
Printed at: see last page
ISBN: 978-620-8-34969-1

Índice:

PRODUÇÃO DE ARROZ COM DIFERENTES NÍVEIS DE ÁGUA

Por
MD. SARWAR JAHAN
Escola de Ciências Vegetais
Faculdade de Recursos Biológicos e Indústria Alimentar
Universidade Sultan Zainal Abidin
Kuala Terengganu, Terengganu, Malásia

Resumo

O conceito de "mais colheitas por gota" é um interesse crescente na cultura do arroz. Foi efectuada uma experiência para determinar o efeito da redução da água na produção de arroz e para investigar as alterações temporais nas propriedades químicas da solução do solo. Foram efectuados cinco tratamentos simulando diferentes profundidades e durações de inundação durante o período de crescimento do arroz, nomeadamente, W1: inundação contínua a 5 cm, W2: inundação contínua a 1 cm, W3: inundação contínua a 5 cm durante as primeiras 3 semanas, seguida de 1 cm, W4: inundação contínua a 5 cm durante as primeiras 6 semanas, seguida de 1 cm, e W5: inundação contínua a 5 cm durante as primeiras 9 semanas, seguida de 1 cm. O pH do solo e o potencial redox foram medidos a 4 cm de profundidade, e as concentrações de N, P, K, Ca, Mg, Zn, Cu, Fe e Mn na solução do solo foram medidas em intervalos semanais. Na colheita, o número de perfilhos e panículas foi contado. Foram determinados o rendimento de grãos, o número de grãos por panícula e o peso de 1000 sementes. Além disso, o peso da palha também foi obtido. O efeito dos tratamentos de irrigação não foi significativo para o número de perfilhos, número de panículas, rendimento de grãos (t/ha), peso da palha (t/ha), grãos/panícula e peso de 1000 sementes (g). Os números de perfilhos e panículas estavam na faixa de 674 a 695 e 636 a 665 m^2 , respetivamente. O rendimento de grãos de arroz sob inundação contínua de 5 cm não foi significativamente diferente dos outros tratamentos. O rendimento de grãos secos e cheios (12 % de humidade) variou entre 11,72 e 12,39 t/ha. O peso de 1000 sementes foi de 27,2 a 27,8 g. Os diferentes níveis de inundação não tiveram efeito significativo na concentração de nutrientes analisados na solução do solo em intervalos semanais. No entanto, em geral, houve um aumento nas concentrações de N, Zn, Cu, Fe e Mn na solução do solo durante as primeiras semanas de inundação, depois os valores permaneceram relativamente estáveis até a colheita, enquanto a concentração de P permaneceu constante durante todo o período de crescimento em todos os tratamentos. A concentração de K, Ca e Mg diminuiu com o tempo em todos os tratamentos. O valor do potencial redox foi significativamente mais baixo nos tratamentos que estavam sob 5 cm de água de inundação em comparação com 1 cm de água de inundação, e apresentou valores mais negativos. O pH do solo situou-se no intervalo de 5,4 a 6,6 em todos os tratamentos. Em geral, este estudo mostrou que o rendimento e os componentes do rendimento, a concentração de nutrientes e o pH do solo não foram afectados por diferentes tratamentos de água, mas o potencial redox foi significativamente diferente.

INTRODUÇÃO

O arroz é o alimento de base mais importante na Ásia, fornecendo uma média de 32% do consumo total de calorias (Maclean *et al.*, 2002). Aproximadamente 576 milhões de toneladas de arroz por ano são produzidas a nível mundial, 90-91% das quais são produzidas e consumidas na Ásia (IRRI, 2002). No entanto, para satisfazer a crescente população mundial, a produção anual de arroz deve aumentar para 760 milhões de toneladas em 2020 (IRRI, 1989). A procura de arroz nos próximos 30 anos pode exigir o cultivo de mais 50 milhões de hectares (IRRI, 1989). O cenário da Malásia mostra que o aumento da produção de arroz não é paralelo ao aumento da população do país. Para satisfazer a procura, o arroz é importado dos países vizinhos, especialmente da Tailândia e do Vietname, com um montante avaliado em cerca de 501 milhões de RM por ano, segundo o Sistema Asiático de Informação sobre Segurança Alimentar (AFSIS, 2002). O aumento da produtividade com a otimização dos factores de produção deve ser a direção a seguir. Um dos principais factores de produção do arroz é a água. Cerca de 75% do volume global de arroz produzido encontra-se nas terras baixas irrigadas (Maclean *et al.,* 2002).

O aumento da área total de culturas de regadio fez aumentar a procura de água. Na Ásia, o arroz irrigado é responsável por cerca de 50% da quantidade total de água desviada para irrigação, o que, por si só, representa 80% da quantidade de água doce desviada (Guerra *et al.,* 1998). A disponibilidade per capita de recursos hídricos diminuiu 40-60% em muitos países asiáticos entre 1955 e 1990 (Gleick, 1993). Em 2025, prevê-se que os recursos hídricos disponíveis per capita nestes países diminuam 15-54% em relação a 1990. Durante a maior parte da história contemporânea, a área irrigada do mundo cresceu mais rapidamente do que a população. A quota-parte de água da agricultura diminuirá a um ritmo ainda mais rápido devido à crescente concorrência dos sectores urbano e industrial pela água disponível (Tuong e Bhuiyan, 1994). A Malásia está perfeitamente consciente de que o crescimento da população (2,7% por ano) tem o potencial de ultrapassar os avanços registados no acesso da população à água potável. De facto, a cobertura do abastecimento de água cresceu rapidamente entre 1990 e 1995 (3,74% por ano) e a Malásia atingiu o seu objetivo de fornecer água potável a 89% da sua população em 1995. A procura global de água está a crescer a uma taxa de 4% ao ano e prevê-se que atinja cerca de 20 mil milhões de m^3 em 2020, devendo a procura anual de água para uso doméstico e industrial aumentar para 5,8 mil milhões de m^3 e a procura de água para irrigação para cerca de 13,2 mil milhões de m^3 em 2020 (Keizrul e Azuhan, 1998). A procura de água para irrigação aumentou de 7,4 mil milhões de m^3 em 1980 para 9,0 mil milhões de m^3 em 1990 e 10,4 mil milhões de m^3 em 2000. A procura total agregada de água está, por conseguinte, estimada em 15,2 mil milhões de m^3 em 2000, em comparação com 8,7 mil milhões de m^3 em 1980 e 11,6 mil milhões de m^3 em 1990 (Ghazali e Boon, 1996) e a maior retirada, 76,6%, foi para utilização na agricultura (Mad Nasir, 2002). O presente estudo procura analisar o potencial de produção de arroz com um baixo consumo de água. O arroz irrigado, em particular, é um grande consumidor de água, pois são necessários 5.000 litros de água para produzir um quilograma de arroz (Cantrell e Hettel, 2002). Relatórios anteriores mostraram que a submersão contínua em água de 5 a 7 cm é provavelmente a melhor opção para o arroz irrigado, considerando todos os factores (De Datta e Williams, 1968). Mais tarde, De Datta (1981), ao estudar o ambiente hídrico ótimo para melhorar o rendimento das plantas, referiu que águas extremamente profundas resultavam num crescimento e rendimento fracos. Em contraste, estudos recentes mostraram que a água parada durante toda a estação não é necessária para altos rendimentos de arroz (Bhuiyan e Tuong, 1995). A irrigação alternada entre o molhado e o seco não tem impactos negativos no crescimento do arroz (Li, 1999). A irrigação atempada coordenada com a fertilização e a manutenção de uma profundidade de água adequada e o controlo das ervas daninhas devem ser praticados para aumentar o rendimento do arroz. Além disso, a inundação dos campos de arroz produz condições anaeróbicas no solo, que emite metano e afecta o rendimento do arroz (Neue e Roger, 2000). Por conseguinte, as alterações na gestão da água podem ajudar a poupar recursos hídricos sem comprometer o rendimento e a produtividade, bem como a reduzir os fluxos de CH4 (Huang *et al.*, 2000).

A produção de arroz deve aumentar para satisfazer a procura crescente devido ao aumento da população sem afetar os recursos hídricos. A futura produção de arroz dependerá, portanto, em grande medida, do desenvolvimento e da adoção de estratégias e práticas através da utilização eficiente dos recursos hídricos. Tendo em conta esta questão atual, este estudo procurou determinar o efeito de diferentes regimes de inundação no rendimento do arroz.

Objectivos do estudo

Os objectivos do presente estudo são os seguintes:

1. Avaliar o efeito de diferentes regimes de inundação no rendimento do arroz, e
2. Determinar o efeito de diferentes regimes de inundação nas propriedades químicas do solo.

Capítulo 1

REVISÃO DA LITERATURA

Visão geral dos recursos hídricos

A agricultura é o maior consumidor de água a nível mundial. Na Ásia, é responsável por 80% do total de água doce utilizada anualmente (Guerra *et al.*, 1998). Na Malásia, do total de 15,2 biliões de metros cúbicos no ano 2000, a maior retirada, 76,6%, foi para utilização na agricultura (Mad Nasir, 2002). A água é utilizada principalmente para a irrigação na agricultura e está sobretudo confinada à produção de arroz. Durante a era da monocultura do arroz, a ênfase da irrigação foi colocada no complemento da precipitação. No entanto, com a introdução da dupla

A dupla cultura durante os anos sessenta e setenta exigiu o desenvolvimento de grandes sistemas de irrigação. Em meados dos anos noventa, cerca de 310.000 hectares de arroz eram irrigados, com 240.000 hectares (77,43%) sob dupla cultura (Cantrell e Hettel, 2002). No entanto, a segurança alimentar atual e futura da Malásia depende em grande medida do sistema de produção de arroz irrigado, apesar de este sistema ser um grande consumidor de recursos de água doce.

Nos últimos anos, a escassez de água disponível para irrigação e a concorrência pela água para fins industriais e domésticos têm vindo a aumentar em todo o mundo. Na Malásia, prevê-se que a procura de água para usos domésticos e industriais aumente 5,4% por ano e é provável que tenha prioridade sobre a irrigação. Assim, haverá menos água disponível para a agricultura, o que obrigará os agricultores a utilizar menos água na produção de arroz. Por conseguinte, serão necessárias grandes mudanças nas práticas e políticas para garantir que os recursos hídricos limitados sejam geridos de forma adequada, a fim de aumentar a produtividade da agricultura de regadio. Se estas medidas não forem tomadas, o arroz será o mais afetado, uma vez que depende fortemente da irrigação.

Arroz e necessidades de água

O arroz irrigado, em particular, é um grande consumidor de água e menos eficiente na forma como utiliza a água quando comparado com outras culturas. Yoshida (1981) estimou uma necessidade média de 1.240 mm de água para a cultura do arroz irrigado por estação. Na realidade, a maior parte do arroz irrigado é fornecida com muito mais do que as necessidades do campo porque os agricultores mantêm uma inundação contínua desde o estabelecimento da cultura até à maturidade (Kandiah *et al.*, 1990). Os agricultores preferem manter um nível de água relativamente elevado durante o período de crescimento da cultura, a fim de controlar as ervas daninhas, como garantia contra futuras faltas de água e reduzir a frequência da irrigação. Isto leva a uma maior quantidade de escoamento superficial, infiltração e percolação. Sharma (1989) referiu que a infiltração e a percolação são responsáveis por cerca de 50-80% da entrada total de água no campo.

A preparação típica das zonas húmidas para a cultura do arroz envolve a aplicação de uma quantidade adequada de água para manter um estado húmido do solo que facilite a preparação da terra. Bhuiyan (1992) referiu que são necessários 150-250 mm de água para a preparação do terreno. No entanto, a quantidade real de água utilizada pelos agricultores para a preparação do terreno é frequentemente várias vezes superior à necessidade típica de 150-250 mm. Nas zonas de cultivo de arroz de várzea irrigado, o campo é por vezes inundado 30 dias antes do estabelecimento da cultura e até perto da maturidade. Assim, mais de metade da água consumida na produção de arroz é frequentemente utilizada na preparação do terreno e a maior parte perde-se no processo por percolação e infiltração.

A eficiência da utilização da água na cultura do arroz foi melhorada com a passagem da transplantação para a sementeira direta, reduzindo as necessidades de irrigação durante a preparação do terreno. Bhuiyan *et al.* (1995) observaram que o arroz semeado por via húmida (cultura de arroz de sementeira direta) utilizava menos água do que o arroz transplantado, tanto na preparação do terreno como na irrigação da cultura, e a utilização total de água baixou de 2.195 para 1.747 mm. O Sistema de Irrigação de Muda relatou uma redução na duração da irrigação de 140 para 105 dias e no uso de água de 1.836 para 1.333 mm com a mudança do arroz transplantado para o arroz de semente húmida (Fujii e Cho, 1996), enquanto que o arroz de semente seca oferece um maior potencial de poupança de água (Ho *et al.*, 1993). A manutenção de um solo saturado durante toda a estação de crescimento pode poupar até 40% de água em solos argilosos sem reduzir a produção de arroz. No entanto, quando o crescimento de ervas daninhas é um problema grave, o alagamento contínuo até à formação da panícula e seguido de saturação contínua, utiliza 30-35% menos água do que a prática tradicional de alagamento contínuo e sem qualquer aumento de ervas daninhas ou redução do rendimento, tal como referido por Tabbal *et al.* (1992). Singh *et al.* (1996) afirmaram que a manutenção de uma camada de água muito fina, o estado de saturação do solo ou a alternância entre humedecimento e secagem podem reduzir a água aplicada no campo em cerca de 40 a 70 por cento em comparação com a prática de submersão superficial contínua sem perda significativa de rendimento. No entanto, uma redução demasiado grande da quantidade de água aplicada impõe um stress hídrico à cultura. O stress hídrico prejudica numerosos processos metabólicos e fisiológicos das plantas, diminui a absorção de nutrientes pelas plantas devido à redução da transpiração (Greenway e Klepper, 1969) e prejudica o transporte ativo e a permeabilidade das membranas (Hsiao, 1973), resultando numa redução do poder de absorção das raízes, o que acabará por afetar o crescimento e o rendimento do arroz.

Efeitos da gestão da água no crescimento e rendimento do arroz

O arroz cresce bem em condições submersas. O aumento do crescimento, a maior produção de matéria seca e o rendimento do arroz em condições de alagamento foram atribuídos ao aumento da disponibilidade de nutrientes devido a reacções físico-químicas e biológicas nos solos (Choudhary e McLean, 1963). Para além do aumento da disponibilidade de nutrientes, o melhor crescimento e adaptabilidade do arroz em condições de alagamento pode estar relacionado com um aumento da percentagem de espaço aéreo nas raízes (Luxmoore e Stolzy, 1969). As raízes adventícias em condições de alagamento podem ter contribuído para uma maior porosidade, como referido por Jackson (1955), o que aumenta o crescimento dos rebentos e a produção de matéria seca.

O peso seco do rebento do arroz foi moderadamente afetado, enquanto a produção de perfilhos e o índice da área foliar (LAI) não foram afectados pelo atraso da inundação com irrigação periódica para manter o solo na capacidade de campo, em comparação com o arroz inundado normal (Beyrouty *et al.*, 1992). Também observaram uma redução na altura das plantas quando o alagamento foi retardado. Prasertsak e Fukai (1997) relataram que o índice de colheita (Hl), o LAI e a biomassa acima do solo foram muito menores no ensaio de stress do que no ensaio irrigado. Também observaram que a floração foi atrasada em 11-15 dias quando o arroz foi sujeito a stress hídrico.

Foram observados maiores rendimentos e produtividade no arroz inundado do que no arroz cultivado em condições saturadas ou mais secas (Satyanarayana e Ghildyal, 1970; Castillo *et al.*, 1992). Foi registada uma redução de 10% no rendimento do arroz de sementeira direta inundado no início da fase reprodutiva quando comparado com o arroz cultivado com uma inundação que começa no início do perfilhamento (Tanaka *et al.*, 1963). O rendimento do arroz não foi significativamente reduzido se o défice hídrico foi imposto durante o crescimento vegetativo, mas foi observada uma redução de cerca de 20-70% no rendimento do arroz inundado se o défice hídrico foi imposto durante o período reprodutivo (Lilley e Fukai, 1994).

Tanaka *et al.* (1964) sugeriram que o arroz inundado com atraso não deve diferir do arroz inundado durante toda a estação, desde que o teor de água no solo durante o período sem inundação não provoque stress na planta ou aumente as perdas de N por nitrificação-desnitrificação. Estudos sobre arroz irrigado de terras baixas no sul dos EUA mostraram que não se observou qualquer redução no rendimento de grãos quando a inundação é atrasada desde o estádio de quatro a cinco folhas até imediatamente antes ou no início do crescimento reprodutivo (McCauley e Turner, 1979). Da mesma forma, Norman *et al.* (1992) verificaram que o rendimento não foi reduzido quando as aplicações de inundação foram atrasadas até 21 dias após o estádio de quatro a cinco folhas. Além disso, de acordo com Counce *et al.* (1990), Dingkuhn e Le Gal (1996), o rendimento e a qualidade do grão não foram afectados quando o alagamento foi interrompido duas semanas após o abrolhamento.

Sariam *et al.* (2002) efectuaram um estudo sobre o efeito do crescimento do arroz sob diferentes níveis de água. Verificaram que a fase vegetativa das plantas de arroz era mais alta em condições de capacidade de campo sem inundação do que em condições de inundação e de saturação sem inundação, mas não se observaram diferenças significativas na maturidade. A produção de rebentos e o rendimento de grãos foram significativamente reduzidos em condições de capacidade de campo não inundada. O rendimento do grão foi 54,4 % e 57,6 % inferior em condições de capacidade de campo sem inundação do que em condições de saturação sem inundação e inundação, respetivamente. As práticas de gestão da água também afectaram o crescimento das raízes, particularmente o comprimento e o peso das mesmas. O comprimento e o peso da raiz foram significativamente reduzidos sob capacidade de campo sem inundação, mas foram comparáveis sob ambiente saturado e inundado sem inundação.

A gestão da água afectou a absorção de azoto pelas plantas de arroz, tendo a absorção sido reduzida em condições de capacidade de campo sem inundação.

Prática de humedecimento e secagem alternados, em que o campo é irrigado após um certo número de dias subsequentes a um estado seco, o que resulta numa diminuição do consumo de água, mas à custa de uma diminuição da produção. Bouman e Tuong (2001) registaram perdas de rendimento, que variaram entre zero (0) e 70 por cento, em comparação com o tratamento por inundação, dependendo do número de dias entre a rega e o estado do solo. Grigg *et al.* (2000) relataram que o arroz irrigado por fluxo produziu uma baixa produtividade (58% menor do que o arroz inundado) devido ao baixo LAI no início e na antese. Foi registado um menor peso seco dos rebentos e uma menor densidade de comprimento das raízes desde o arranque até à colheita. A diminuição da produção pode ser parcialmente atribuída à redução do LAI abaixo do necessário (entre 5 e 6) para a fotossíntese máxima (Yoshida, 1981 e Borrell *et al.* 1997). McCauley (1990) mediu uma redução de 20% na produtividade quando o arroz foi submetido à irrigação por aspersão durante toda a estação, em comparação com a irrigação por inundação.

Foi demonstrado que o alagamento é necessário, especialmente em certas fases críticas do desenvolvimento das culturas. No entanto, o nível de inundação a manter tem de ser estabelecido. O IRRI (1997) mostrou que não era necessário inundar o arroz para obter um rendimento elevado de grãos e que a manutenção de um solo saturado durante toda a estação de crescimento pode poupar até 40% de água em solos argilosos sem redução do rendimento do arroz. Por outro lado, Borell *et al.* (1997) observaram perdas de rendimento de 16-34% quando o arroz era cultivado em condições de solo saturado. Além disso, os agricultores preferem inundar continuamente as suas terras como garantia contra futuras faltas de água e para controlar as ervas daninhas.

Srivastava *et al.* (1989) estudaram duas variedades de arroz cultivadas sob diferentes regimes de humidade, a fim de desenvolver um programa de irrigação que atingisse uma elevada eficiência de utilização da água. Com base no rendimento por unidade de área por mm de água utilizada, a saturação contínua desde o transplante até à colheita deu os melhores resultados. Anbumozhi *et al.* (1998) realizaram uma experiência em vasos Wagner para avaliar o efeito de diferentes profundidades de água de rega sob regimes de água de rega contínua, intermitente e variável e sob condições de ausência, baixa, média e alta fertirrigação. A altura das plantas e o rendimento dos grãos foram medidos a 0, 3, 6, 9, 12, 15 e 18 cm de profundidade de rega. Verificaram que o crescimento e a produção do arroz eram óptimos a 9 cm de profundidade de água de rega. Valores altos de produtividade de água também foram encontrados nesta profundidade sob diferentes regimes de água e níveis de fertirrigação. Bouman e Tuong (2001) analisaram que o rendimento geralmente diminui assim que o conteúdo de água no campo atinge ou cai abaixo da saturação. A produtividade reduziu até 10% quando o solo é mantido na saturação, enquanto que reduções de produtividade de 10-40% ocorrem quando os potenciais de água do solo a 10-20 cm de profundidade são permitidos atingir -100 a -300 mbar antes da irrigação ser aplicada. Santos *et al.* (1999) realizaram uma experiência de campo em 1991/92-1992/93 em Goianira, Goiás, Brasil. A cultivar de arroz Alianca foi continuamente inundada durante todo o ciclo de crescimento ou intermitentemente inundada durante a fase vegetativa e continuamente inundada durante o resto do ciclo de crescimento. A inundação contínua proporcionou um maior rendimento de grãos e valores mais altos de componentes de rendimento e qualidade de grãos do que a inundação intermitente. A aplicação dividida de 70 kg de K aumentou o rendimento sob inundação contínua. A aplicação dividida aumentou a eficiência da utilização de K. Balasubramanian e Krishnarajan (2000) mostraram que a submersão contínua a 2,5 cm durante todo o período de cultivo proporcionou um bom crescimento e rendimento, e poupou quase 25% da água de irrigação quando comparada com a aplicação a 5 cm de profundidade um dia após o desaparecimento da água do tanque para o arroz transplantado. O mesmo tratamento também resultou numa maior eficiência de utilização da água.

Caraterísticas dos solos de arroz inundados

Durante o período de submersão, o solo sofre uma redução e torna-se cinzento escuro. O ferro, o manganês, a sílica e o fosfato tornam-se mais solúveis e difundem-se para a superfície, deslocando-se por difusão e fluxo de massa para as raízes e para o subsolo. Quando o ferro e o manganês reduzidos atingem a superfície oxigenada, a superfície das raízes do arroz, ou a zona oxidada abaixo da sola do arado (Kyuma e Kawaguchi, 1966), são oxidados e precipitados juntamente com a sílica e o fosfato. Três grandes mudanças - físicas, biológicas e químicas - ocorrem quando um solo é inundado (Michael, 1980).

1. Alterações físicas

Após a inundação, os espaços porosos do solo ficam saturados de água. Como resultado, o solo incha e os torrões duros amolecem e partem-se em pequenos agregados. O encharcamento destrói completamente os agregados estruturais remanescentes (torrões e torrões) e transforma o solo numa lama, ou mistura pastosa. Isto atrasa a secagem do solo, uma vez que a troca de ar entre a atmosfera e o solo é impedida, as partículas são retidas pelas partículas do solo e impedidas de percolar para baixo e escapar.

2. Alterações biológicas

A ausência de ar no solo (e particularmente de oxigénio) nos solos encharcados provoca uma alteração nas variedades de micróbios, ou organismos microscópicos, que vivem no solo. Os micróbios anaeróbios tendem a ser muito mais lentos e menos eficientes na decomposição da matéria orgânica do que os aeróbios. Consequentemente, a taxa de decomposição da matéria orgânica tende a ser mais lenta em solos inundados.

3. Alterações químicas

Os solos inundados desenvolvem duas zonas distintas. A zona superior, com uma espessura de 1-10 mm, absorve o oxigénio da água, torna-se castanha e reage ao azoto como um solo não inundado.

Esta zona é chamada de zona oxidada, em referência à sua condição química de ser oxidada. A zona inferior, que se estende até à água, é extremamente pobre em oxigénio disponível, torna-se azul escura ou cinzenta e assume propriedades químicas muito diferentes das da camada oxidada acima. Esta zona inferior é conhecida como zona reduzida.

Produção de arroz com economia de água

Embora os agricultores tenham tradicionalmente como objetivo ter campos continuamente inundados, as técnicas de poupança de água estão a receber cada vez mais atenção. Uma técnica de poupança de água consiste em manter o campo alternadamente submerso e não submerso (ASNS). Com base em vários estudos que testaram a produtividade e a eficiência do uso da água sob CS e ASAS, parece que o rendimento dos grãos não foi significativamente diferente, enquanto o ASNS foi significativamente maior na eficiência do uso da água (Belder *et al.* 2002). A irrigação intermitente teve um desempenho consistentemente melhor do que a irrigação por inundação contínua, ou seja, produziu mais perfilhos (efetivos), área foliar e biomassa. As plântulas de 7 e 14 dias tiveram um crescimento vegetativo mais vigoroso do que as plântulas de 21 dias produziram mais perfilhos (efectivos) e biomassa, plantas mais altas e raízes mais longas. No entanto, o efeito positivo das plântulas mais jovens na área foliar não foi demonstrado em condições de inundação (Gani *et al.,* 2002). McHugh *et al.* (2002) relataram que a competição por recursos hídricos limitados e os baixos rendimentos do arroz nos países em desenvolvimento renovaram o interesse em encontrar melhores formas de cultivar mais arroz com menos água. Nos últimos anos, a irrigação alternada húmido-seco (AWD) e a irrigação sem inundação (NF) mostraram-se promissoras para reduzir o consumo de água sem um efeito significativo no rendimento do grão de arroz. Nas parcelas do Sistema de Intensificação do Arroz (SRI), o rendimento do grão foi de 6,7 t ha ı para a irrigação AWD, 5,9 t ha ı com irrigação NF e 5,9 t ha ı para inundação contínua. Os resultados do estudo sugerem que, combinando a irrigação AWD com práticas de cultivo SRI, os agricultores podem aumentar a produtividade dos grãos enquanto reduzem a necessidade de água para irrigação.

Qinghua *et al.* (2002) estudaram, em contentores impermeáveis, a resposta de diferentes variedades (Sanyou 10 e 923 e Zhensan 97B) a três tratamentos hídricos (inundação, irrigação intermitente e cultivo em seco). Os rendimentos de grãos calculados no tratamento de cultivo em seco ascenderam a 6,3, 6,0 e 3,7 t ha ı para as variedades Sanyou 10 e 923 e Zhensan 97B, respetivamente. Sob irrigação intermitente, os rendimentos de Sanyou 10 e 923 foram 8% e 10% mais elevados, 9,5 e 8,8 t ha ı, respetivamente, do que em condições de inundação. O maior rendimento do Zhensan 97B (5,3 t ha ı) foi obtido em condições de inundação. No ensaio de campo, os tratamentos de irrigação intermitente receberam 48 e 68 mm de água de irrigação (ou seja, 27% e 37%, respetivamente) menos do que os tratamentos inundados, enquanto o rendimento dos grãos aumentou de 4% a 6%.

Thiyagarajan *et al.* (2002) realizaram um estudo sobre irrigação (limitada vs convencional). Os resultados mostram uma economia de água de irrigação de 56% e 50% usando mudas convencionais e jovens, respetivamente, sem um efeito significativo no rendimento de grãos. A produtividade média de grãos para o tratamento de irrigação limitada (6.352 kg ha ı) não foi significativamente diferente daquela da prática de irrigação convencional (6.461 kg ha ı). Tradicionalmente, o arroz era cultivado sob 10-15 cm de água de inundação, e atualmente existe uma preocupação crescente em reduzir o consumo de água para a produção de arroz e utilizar a água excedente para outros fins. Os resultados acima referidos revelaram que não é necessário utilizar uma profundidade de inundação elevada para o cultivo do arroz.

Absorção de nutrientes influenciada pelo estado da água no solo

A absorção de nutrientes da solução do solo está intimamente ligada ao estado da água no solo. Uma diminuição da humidade do solo está associada a uma diminuição da taxa de difusão dos nutrientes da matriz do solo para a superfície absorvente da raiz (Viets, 1972). Em condições de boa humidade, a absorção de nutrientes está altamente relacionada com a taxa de transpiração, tal como referido por Tanguilig *et al.* (1987). Quanto mais elevada for a taxa de transpiração, maior será a absorção de nutrientes. No entanto, observaram que a absorção de nutrientes em condições de stress hídrico foi mais influenciada pela capacidade das raízes de absorver nutrientes do que pela transpiração. O transporte de nutrientes para os rebentos ocorreu mesmo com uma taxa de transpiração reduzida. A quantidade de nutrientes que pode ser transportada para os rebentos depende da capacidade das raízes para absorver nutrientes do solo e transportá-los para a corrente de transpiração. Greenway e Klepper (1969) examinaram que a translocação subsequente de nutrientes para o rebento é largamente influenciada pela taxa de transpiração. A diminuição da absorção de nutrientes pelo arroz em condições de stress hídrico foi causada principalmente pelo comprometimento fisiológico do mecanismo ativo de absorção e transporte de nutrientes das raízes, uma vez que a lesão diminuiu a capacidade das raízes de absorver nutrientes à medida que o stress hídrico progredia (Tanguilig *et al.*, 1987).

Alterações temporais dos nutrientes das plantas

Quando o solo é submerso, a água substitui o ar nos espaços porosos. Com exceção de uma fina camada à superfície do solo e, por vezes, de uma camada abaixo da sola do arado, a maioria das camadas do solo fica praticamente sem oxigénio algumas horas após a submersão. Nestas condições, os microrganismos do solo utilizam os constituintes oxidados do solo e alguns metabolitos orgânicos em vez do oxigénio molecular como aceptores de electrões na sua respiração, causando a redução do solo. A condição anaeróbica influencia a disponibilidade de vários nutrientes para as plantas e a produção de substâncias tóxicas no solo. Assim, as propriedades do solo inundado são substancialmente diferentes das de um solo bem drenado. Para aumentar a eficiência dos fertilizantes em solos de planície, é imperativo compreender a biodisponibilidade dos elementos nutritivos que ocorrem em solos submersos. A submersão provoca alterações nas propriedades do solo devido à reação física entre o solo e a água e aos processos biológicos e químicos desencadeados pelo excesso de água. A alteração importante é a conversão da zona radicular da planta de arroz de um ambiente aeróbio para um ambiente anaeróbio ou quase anaeróbio.

Nitrogénio

Em solos inundados, a ausência de O_2 inibe a atividade das bactérias *Nitrosomonas* que oxidam o NH_4^+ , pelo que a mineralização do N pára na forma de NH_4^+ (Patrick e Reddy 1978). No entanto, na camada aeróbia, a mineralização do N prossegue para NO_3^- . A inundação provoca uma diminuição do potencial redox (Eh). Devido ao baixo Eh, o NO_3^- é perdido como azoto (NO3 ---> NO2 --- > NO---> N2O ---> N2) gasoso por desnitrificação (Ponnamperuma, 1972). A perda de N por desnitrificação pode ser minimizada por uma gestão eficiente da água (Castro e Lantin 1976). O baixo Eh dos solos inundados favorece o acúmulo de NH_4^+ e a concentração de NH_4^+ pode atingir até 300 mg/L em 30 dias após a submersão (Ponnamperuma, 1965).

Fósforo

Bouldin e Sample (1958, 1959) concluíram que o efeito primário da associação íntima de fertilizantes N e P na absorção de P era o resultado do aumento da solubilidade do P. A probabilidade de interações Mg-P nos solos parece remota, exceto em condições que favoreceriam a precipitação de MgNH4PO4 em ou perto de bandas de fertilizantes de fosfato NH4. Em contrapartida, tem-se atribuído ao Mg a função de transportador de P nas plantas (Truog *et al.*, 1947), com base numa correlação positiva entre os teores de Mg e P das plantas ou entre a eficiência do fertilizante P e o fornecimento de Mg disponível. Quando os solos são inundados para a cultura do arroz, a disponibilidade de P tem aumentado devido à libertação de P de reservatórios geoquímicos: (i) a redução e dissolução de fosfatos de Fe (III); (ii) a hidrólise e dissolução de fosfatos de Fe e Al; ou (iii) a libertação de fosfatos associados a argilas através de trocas aniónicas (Ponnamperuma, 1972; Gambrell e Patrick, 1978). Em contraste, pesquisas mais recentes mostraram que, em alguns sistemas, a inundação pode fazer com que a disponibilidade de P diminua, favorecendo a formação e a persistência de minerais amorfos (pouco cristalinos) de Fe e Al (Kuo e Mikkelsen, 1979; Sah e Mikkelsen, 1986; Sah et al., 1989). Dado que a sua área de superfície de adsorção por unidade de volume de solo é maior do que as formas mais cristalinas (Parfitt, 1989; Schwertmann e Taylor, 1989), estes minerais amorfos tendem a dominar as reacções de absorção de P do solo quando presentes em quantidades significativas. A disponibilidade de fósforo pode também aumentar após a inundação devido a uma diminuição da procura biológica (vegetal e microbiana) de P em condições anaeróbias em relação às condições aeróbias (Gambrell e Patrick, 1978; Schlesinger, 1997; Mitsch e Gosselink, 2000).

Potássio

O potássio está presente nos solos sob quatro formas, que se encontram em equilíbrio dinâmico: i) K na solução do solo, ii) K permutável, iii) K não permutável e K nos minerais. A inundação aumenta a libertação de K das formas não permutáveis e permutáveis para a solução do solo, aumentando assim a mobilidade do K no solo (Von Uexkul, 1985). O potássio é deslocado do complexo argiloso e a concentração de K na solução do solo aumenta devido à inundação. O aumento da concentração de K na solução do solo é maior em solos arenosos ricos em matéria orgânica (Ponnamperuma, 1965). Com a inundação, os iões ferrosos solúveis e os iões manganosos aumentam e o K permutável é então deslocado para a solução do solo (De Datta, 1981). O aumento do K solúvel após o alagamento está intimamente relacionado com o teor de iões ferrosos na solução do solo.

Magnésio

A concentração de magnésio na solução do solo aumenta devido à inundação (Ponnamperuma, 1965). A concentração de Mg aumenta rapidamente em solos submersos, atinge um pico dentro de 5th semanas após a submersão, e depois diminui (Islam e Islam 1973). A concentração de Fe e Mn aumenta devido à inundação. O Fe e o Mn deslocam o Mg dos sítios de troca da argila e, consequentemente, a concentração de Mg na solução do solo aumenta (Ponnamperuma, 1978).

Ferro

Ponnamperuma *et al.* (1966) sugeriram que o aumento da concentração de ferro solúvel em água após a inundação, as concentrações máximas e a concentração razoavelmente estável alcançada após várias semanas de submersão podem ser descritas para a maioria dos solos pelo equilíbrio em que o Fe^{3+} doa a atividade do

Fe (II) solúvel em água. Mais uma vez, relataram que quando os solos ácidos sofrem redução, o boro adsorvido deve ser libertado para a solução do solo devido à redução de Fe^{+3} para Fe^{+2} e ao aumento do pH. Mas a cinética do boro solúvel em água em solos inundados indica que a concentração não é afetada de forma sensível pela inundação. A toxicidade do boro no arroz foi relatada pela primeira vez em cultura em vaso com um solo de Silo, Taiwan (Ponnamperuma *et al.*, 1966). A concentração de molibdénio solúvel em água no solo aumenta após a inundação, presumivelmente como resultado da dessorção após a redução de óxidos férricos (Ponnamperuma, 1976). Os compostos de Fe^{3+} são direta e indiretamente reduzidos a Fe^{2+} por microorganismos e grandes quantidades de ferro são trazidas para a solução. Durante a submersão do solo, a concentração de ferro solúvel em água aumenta até um valor máximo e depois diminui. Estas alterações variam com o pH e o teor de matéria orgânica do solo, o teor e a reatividade dos óxidos de Fe^{3+} , a temperatura e o teor de sal da superfície do solo. As concentrações médias de ferro solúvel em água são mais elevadas em solos sulfatados ácidos com um elevado teor de óxido de Fe^{3+} reativo e são mais baixas em solos alcalinos com baixo teor de matéria orgânica (Cho e Ponnamperuma, 1971).

Zinco

Ao contrário dos elementos redox ferro e manganês, as concentrações de zinco na solução do solo geralmente diminuem após a inundação, embora o zinco possa sofrer um aumento temporário imediatamente após a inundação (Mikkelsen e Kuo, 1977); os níveis de zinco equilibram-se em torno de 0,3-0,5 *pM* (Forno *et al.*, 1975). Em solos ácidos, a diminuição da concentração de zinco pode dever-se em parte ao aumento do pH após a redução do solo, porque a solubilidade do zinco na água diminui 100 vezes quando o pH aumenta uma unidade (Trierweiler e Lindsay, 1969). Patrick e Ready (1977) sugeriram que a diminuição da concentração de zinco pode ser devida a i) precipitação de $Zn(OH)_2$ em resultado do aumento do pH após inundação, ii) precipitação de ZnCO3 devido à acumulação de CO3 resultante da decomposição da matéria orgânica, e iii) precipitação de ZnS em condições de solo muito reduzido. Por outro lado, outros compostos insolúveis de zinco que podem estar presentes em solos submersos são o ZnNH4PO4 e o ZnSiO3 (IRRI, 1970). Os critérios de solubilidade recomendam que o ZnS pode estar presente em solos submersos após o pico de emissão de H2S (IRRI, 1971). No solo, contendo CaCO3 ou MgCO3 livres, o zinco pode adsorver-se fortemente neles (Yashida e Tanaka, 1969; Katyal e Ponnamperuma, 1975). No solo, rico em sílica, o zinco forma um complexo insolúvel de zinco-sílica (Tailer, 1958). A formação de ZnS insolúvel foi considerada um fator que controla a disponibilidade de Zn para o arroz (IRRI, 1971).

Quando um solo é submerso, a concentração da maioria dos elementos nutrientes aumenta Zinco numa exceção. A concentração de zinco solúvel em água diminui e atinge valores tão baixos como 0,03 ppm, apesar da dessorção dos hidratos de óxido de Fe^{+3} e Mn^{+4} . Isto reflecte-se na absorção de zinco pela planta (IRRI, 1970). A deficiência de zinco nos solos de arroz pode ser evitada drenando e secando o solo antes da plantação (IRRI, 1970). Rashid *et al.* (2000) observaram que a deficiência de zinco no arroz inundado (Oryza sativa) exige o desenvolvimento de tecnologias baratas e praticamente adaptáveis para gerir a doença numa base mundial. A presente investigação, que envolveu experiências de estufa e de campo, realizadas no Paquistão Punjab, Paquistão, comparou uma série de práticas de gestão destinadas a atenuar a deficiência de Zn no arroz inundado transplantado da variedade IR-6 cultivado em solos alcalinos.

Cobre

O cobre está presente nos solos sob a forma de óxidos, carbonatos, silicatos e sulfatos. As inundações diminuem a disponibilidade de cobre no solo devido à precipitação de hidróxidos, carbonatos e quelatos orgânicos (Jones *et al.*, 1982). A diminuição da concentração de cobre solúvel em água no solo devido a inundações é relatada por outras investigações (De Dattta, 1981). A complexação do cobre com ligandos orgânicos aumenta a pH 5,0 (Neue e Mamaril, 1985). Bertoni *et al.* (1999) realizaram um ensaio em estufa, em que a cultivar de arroz inundado INCA, cultivada em solo orgânico, húmico e pouco húmico, recebeu 0, 0,75, 1,5, 2,25 ou 3,0 mg Cu/kg de solo. O Cu diminuiu a produção de matéria seca dos rebentos, sem diferença entre as doses. Entre os macronutrientes, apenas Mg e S foram influenciados pela aplicação de Cu. A aplicação de Cu teve efeitos significativos na absorção de Cu, Zn, Fe e Mn, sem efeito na absorção de B. O efeito do Cu nas plantas de arroz diferiu entre os tipos de solo, sendo o teor de matéria orgânica a principal caraterística discriminatória.

Alterações temporais do pH e do potencial redox do solo

pH do solo

O pH do solo mede a atividade dos iões H^+ na solução do solo. Através da medição do pH, as afirmações qualitativas como "ácido, neutro ou alcalino" são substituídas por valores numéricos precisos. O pH do solo é uma medida muito útil, indicativa das propriedades químicas e biológicas do solo importantes para o crescimento das plantas. A disponibilidade de nutrientes para as plantas, as actividades e a natureza das populações microbianas, a solubilidade de substâncias tóxicas e as actividades de certos pesticidas são todas influenciadas pelo pH do solo. A maioria dos solos minerais tem um pH que varia entre 5,5 e 7,5. Além disso, a aplicação de fertilizantes, a precipitação, o material de origem do solo, a matéria orgânica do solo, a textura do solo e os microrganismos do solo podem afetar o pH do solo.

Quando um solo aeróbico é submerso, o pH do solo diminui durante os primeiros dias (Motomura, 1962; Ponnamperuma, 1965), atinge um mínimo, e depois aumenta assimptoticamente para um valor estável de 6,7-7,2 algumas semanas depois. O pH dos solos ácidos aumenta e o pH dos solos sódicos e dos solos calcários diminui (Ponnamperuma *et al.,* 1966). A diminuição do pH pouco tempo depois da submersão deve-se provavelmente à acumulação de CO_2 produzido pela respiração das bactérias aeróbias, porque o CO_2 deprime o pH mesmo dos solos ácidos (Nicol *et al.,* 1957). O aumento subsequente do pH dos solos ácidos deve-se à redução do solo (Ponnamperuma *et al.,* 1966). Assim, o pH da maioria dos solos ácidos e alcalinos converge entre 6 e 7 após a inundação. As alterações do pH do solo após a submersão têm sido atribuídas a vários factores, tais como a mudança para ferro ferroso, a acumulação de amónio, a mudança de sulfato para sulfureto e a mudança de dióxido de carbono para metano em condições redutoras.

As plantas podem absorver nutrientes e crescer na gama de pH de 4 a 8 se os efeitos secundários do pH sobre as deficiências de nutrientes e toxicidades forem eliminados (Arnon e Jahnson, 1942). Ponnamperuma *et al.* (1966) referiram que o grau de alteração do pH do solo depende das propriedades do solo e da temperatura. Os teores de matéria orgânica e de ferro ativo determinam em grande medida as alterações do pH dos solos ácidos. A estabilização do pH do solo na neutralidade após a submersão tem vários efeitos sobre o crescimento do arroz: i) os efeitos adversos de pH baixo ou alto são minimizados, ii) o excesso de alumínio e manganês em ácido torna-se inofensivo, iii) a toxicidade do ferro em solos ácidos é diminuída, iv) a disponibilidade de fósforo, molibdénio e silício é aumentada, v) a mineralização do azoto orgânico é favorecida e vi) a decomposição de ácidos orgânicos (Ponnamperuma, 1976). O aumento do pH dos solos ácidos e a diminuição do pH dos solos alcalinos provocados pelo alagamento (Ponnamperuma *et al.,* 1966) favorecem a absorção de nutrientes pelo arroz. A disponibilidade de todos os nutrientes para as plantas depende do pH do solo. Após a alteração do pH do solo, alguns nutrientes ficam disponíveis e outros tornam-se tóxicos. Por conseguinte, o pH do solo é essencial para a disponibilidade de quaisquer nutrientes para as plantas. A concentração de ferro ferroso na solução do solo é muito sensível às alterações do pH. Um aumento de uma unidade de pH de 6,25 para 7,25 diminuirá a concentração de ferro ferroso em cem vezes (Chang, 1971). A absorção de catiões pelas raízes atinge o seu máximo entre pH 5 e 7, e a absorção de aniões diminui acima de pH 6 (Moore, 1972). As implicações práticas da relação pH-Fe^{2+} para a fertilidade dos solos submersos são que, a valores de pH elevados, o arroz sofre de deficiência de ferro e que, a valores de pH baixos, o arroz é afetado pela toxicidade do ferro (Tanaka e Yoshida, 1970) e por deficiências de fósforo e potássio induzidas pelo excesso de Fe^{2+} (Yamada, 1959).

Potencial redox

Tanto na natureza viva como na natureza não viva, as reacções de oxidação e de redução são tão importantes como as reacções ácido/base. Como os nomes indicam, "oxidação" significa, em primeiro lugar, um aumento do teor de oxigénio, enquanto "redução" implica um regresso ao estado inicial. Os processos de oxidação mais comuns são as reacções diretas com o oxigénio. A maioria dos metais é oxidada diretamente pelo oxigénio livre; por exemplo, o ferro reage de acordo com a equação:

$2Fe + O_2 \wedge 2FeO$

O óxido ferroso (FeO) também pode ser oxidado em óxido férrico (Fe_2O_3)

$4\ FeO + O_2 \wedge 2Fe_2O_3$

Este processo de oxidação pode também ter lugar numa solução aquosa:

$4\ Fe_2^{++}\ 2\ H_2O + O_2 \wedge 4\ Fe_3^{+} + 4\ OH'$

Assim, o ião ferroso (Fe^{++}) perde um eletrão para o oxigénio, transformando-se em ião férrico (Fe^{+++}), passando assim do estado bivalente para o estado trivalente. Este último exemplo leva-nos à definição geral de oxidação universalmente aceite hoje em dia, a saber:

Diz-se que houve oxidação quando uma molécula ou ião perde electrões. No entanto, uma vez que os electrões livres nunca existem em qualquer concentração digna de nota, as reacções de redução e de oxidação são sempre acopladas, complementares uma da outra, de modo que uma reação liberta tantos electrões como os que a outra consome. Assim, um par de reacções intervém sempre neste processo. Estes processos simultâneos e complementares de redução e oxidação são geralmente designados por reacções redox.

Exemplo: oxidação do iodeto pelo ferro férrico (Fe $)^{+++}$

Processo redox: $2\ Fe^{3++}\ 2I^- \wedge 2\ Fe^{2+} + I_2$

Oxidação: $2I^- \wedge I2 + 2e-$; Redução: $2\ Fe^{3++}\ I\ e^- \wedge 2\ Fe^{2+}$

As reacções de oxidação-redução são acompanhadas por uma alteração da energia livre. A energia livre é uma medida da tendência para doar ou aceitar electrões. O fluxo de electrões pode ser medido e é designado por potencial redox ou força eletromotriz. O potencial redox do solo pode afetar o crescimento do arroz. Na sequência de uma inundação, as raízes das plantas deparam-se com condições hipóxicas e anóxicas em resultado do esgotamento do oxigénio do solo pela respiração microbiana e das raízes das plantas (Gambrell e Patrick, 1978). Os solos inundados podem apresentar um potencial redox que varia de bem oxidado a fortemente reduzido. Num solo oxidado, o potencial redox (Eh) varia entre cerca de +600 e +350 mV, enquanto na maioria dos solos reduzidos o Eh varia entre cerca de -300 e +350mV (DeLaune *et al.*, 1990; Masscheleyn *et al.*, 1993)

Kim *et al.* (1999) estudaram variedades de arroz coreano cultivadas em condições laboratoriais em suspensão de solo crowley silt loam (fino, montmorilonítico, fluvente térmico) mantida em diferentes níveis de potencial redox (Eh) (-150, +150 e +350 mV). Em geral, a altura da planta, o comprimento da raiz, o peso seco e a fixação de carbono diminuíram em condições fortemente reduzidas (150 mV). As condições de solo reduzido (Eh -150 mV) diminuíram a fotossíntese líquida. Os resultados demonstram que o grau de redução do solo influencia tanto o crescimento do arroz como a emissão de metano. O potencial redox tem um papel importante na disponibilidade de Cu no solo. Com Eh mais elevado (100 a 500 mV), a disponibilidade de Cu na solução do solo diminui ligeiramente devido à adsorção de Cu no complexo de troca do solo. Com Eh mais baixo (0 a -200 mV), a disponibilidade de Cu na solução do solo diminui abruptamente devido à fixação química de Cu como sulfureto (Reddy e Patrick, 1977).

Hou *et al.* (2000) referiram que os arrozais proporcionam um ambiente propício à produção de CH4 e N2O, devido às variações das caraterísticas do solo, do teor de humidade e da atividade microbiana durante a estação de cultivo. As emissões de CH4 e N2O foram fortemente correlacionadas com alterações no potencial redox do solo. A emissão significativa de CH4 ocorreu apenas em potenciais redox do solo inferiores a aproximadamente -100 mV, enquanto a emissão de N2O não foi significativa abaixo de +200 mV. Tanto as emissões de metano como as de óxido nitroso podem ser significativamente reduzidas mantendo o potencial redox do solo numa gama intermédia de -100 a +200. A submersão do solo promove a produção de metano através da decomposição anaeróbica da matéria orgânica nativa e adicionada, e os ecossistemas de arroz de planície há muito que são reconhecidos como uma fonte de metano, um gás com efeito de estufa. A cultura do arroz de planície contribui anualmente com 110 milhões de toneladas de metano, o que corresponde a 20% do total das emissões anuais de metano a nível mundial, que é de 550 milhões de toneladas. As medições de campo efectuadas desde o início da década de 1990 revelaram grandes variações nas emissões de metano dos campos de arroz, mas a maioria das emissões registadas foi muito inferior ao previsto nas estimativas iniciais. Este facto dissipou as preocupações de que os ecossistemas de arroz são um dos principais contribuintes para o aquecimento global (Wassmann *et al.*, 2000).

Patrick e Mahaparta (1968) sugeriram as gamas de potencial redox (Eh) normalmente encontradas em solos bem drenados e em solos encharcados.

Tipos de solos	**Potencial redox (Eh)**
Aerado (bem escorrido)	+ 700 a + 500
Moderadamente reduzido	+ 400 a + 200
Reduzido	+ 100 a - 100
Altamente reduzido	- 100 a -300

Capítulo 2

MATERIAIS E MÉTODOS

O efeito de diferentes regimes de inundação no rendimento do arroz

Localização

ththNeste estudo, foi realizada uma experiência na Universiti Putra Malaysia, de 25 de janeiro de 2003 a 7 de abril de 2003, para avaliar o efeito de diferentes níveis de entrada de água no rendimento do arroz, na biodisponibilidade dos nutrientes das plantas, no potencial redox e no pH do solo.

Análise do solo

O solo da série Bakau (Quadro 3.1) foi recolhido na estação de investigação de arroz de Tanjung Karang, em Selangor, Malásia. O solo era de aluvião marinho e foi analisado quanto ao pH, capacidade de troca catiónica (CEC), N total, P extraível, K permutável, Mg e Ca, Zn disponível, Fe, Mn e Cu (Quadro 3.2). O pH do solo foi medido com um medidor de pH. O N total foi determinado pelo método de digestão com ácido sulfúrico-salicílico (Bremner e Mulvaney, 1982). O P disponível foi determinado pelo método de extração NH4F-HCl (Bray e Kurtz, 1945).

A capacidade de troca catiónica, o K, o Mg e o Ca permutáveis foram determinados pelo método de lixiviação com acetato de amónio (Schollenberger e Simon, 1945). O Zn, Fe, Mn e Cu disponíveis foram analisados pelo método de extração com HCl 0,05N (Ponnamperuma *et al.*, 1981).

Conceção experimental

As plantas de arroz foram cultivadas num tubo cilíndrico com 90 cm de diâmetro x 60 cm de altura e os tubos foram preenchidos com aproximadamente 210 kg de solo. Os solos foram preenchidos até 40 cm de altura e deixou-se um espaço de 20 cm a partir do topo do tubo para reter a água. Foram feitos dois orifícios a 1 cm e a 5 cm acima do nível do solo em cada tubo de descarga para regular os níveis de água. A descrição esquemática do tubo de descarga é apresentada na Figura 3.1. O solo foi inundado e pré-incubado durante três semanas para estabilizar as suas propriedades físico-químicas antes da sementeira. A experiência foi conduzida utilizando um desenho completamente aleatório (CRD) com cinco tratamentos de água diferentes (Figura 3.2) e replicada quatro vezes.

Gestão das culturas

Sementes de arroz

Neste estudo, foram utilizadas sementes de arroz da variedade MR 219. As sementes foram colocadas num copo e colocadas em água durante 24 horas. A quantidade de sementes necessárias por bueiro foi calculada com base na área de superfície do bueiro (0,636 m^2) a uma taxa de sementeira de 150 kg ha^{-1} (9,54 g/bueiro ou número de sementes cerca de 340-345). Depois, as sementes foram incubadas numa placa de Petri durante 48 horas para pré-germinação. No terceiro dia, as sementes germinadas (os radicais tinham emergido) foram transferidas para os bueiros experimentais. As sementes germinadas foram igualmente espaçadas no solo de poça de cada bueiro. Os tubos experimentais foram colocados em campo aberto e as práticas agronómicas normais foram mantidas para controlar insectos, doenças e ervas daninhas.

Tabela 3.1: O solo utilizado neste estudo

Solo série	Localização	Taxonomia do solo (Fonte: Soil Survey Staff, 1999)	Pai material
Bakau	Tanjung Karang	Típico Tropaquept, argiloso muito fino, misto, ácido, isohipertérmico, pálido	Marinha Aluvião

Quadro 3.2: Propriedades físicas e químicas dos solos

Propriedades	Série Bakau
pH do solo	5.1
Capacidade de troca catiónica	27 cmol(+)/kg de solo
Total N	0.32 %
P extraível	32,8 mg/kg
K permutável	466 mg/kg
Ca	2100 mg/kg
Mg	1100 mg/kg
Zn extraível	3,06 mg/kg
Cu	1,67 mg/kg
Fe	113 mg/kg
Mn	35,8 mg/kg

Quadro 3.3: Propriedades químicas do adubo composto

Adubo composto (N: P_2O_5: K_2O = 12:12:17)	
Nome do nutriente	Valores
Cálcio	0.40%

Magnésio	0.62%
Zinco	156 mg/kg
Cobre	22 mg/kg
Ferro	384 mg/kg
Manganês	66 mg/kg

Gestão da irrigação

Após a sementeira, o nível da água foi aumentado até 5 cm de acordo com os tratamentos, exceto para W2 (inundação contínua de 1 cm) e mantido até 10 dias. Os respectivos tratamentos de irrigação foram utilizados depois disso. Na maturidade, os bueiros foram mantidos sem água parada para facilitar a maturação.

Aplicação de fertilizantes

Os fertilizantes foram aplicados a 170 kg N/ha de N, 120 kg/ha de P2O5 e 150 kg/ha de K2O. Em seguida, a quantidade de fertilizantes de trabalho foi calculada com base na área de superfície do solo do bueiro. O azoto foi aplicado como ureia em duas aplicações divididas, 2/3 como basal e 1/3 no perfilhamento ativo. O fósforo foi aplicado como super fosfato triplo (TSP) e o potássio como muriato de potássio (MOP). O TSP e o MOP foram aplicados como adubos basais em todos os bueiros. O fertilizante composto (Tabela 3.3) foi aplicado duas vezes aos 50 e 71 dias após o plantio à taxa de 20 g/culvert (300 kg/ha), e 13 g/culvert (200 kg/ha), respetivamente.

Parâmetros

Rendimento e componentes do rendimento

Na maturidade, foram registados os números de perfilhos e de panículas por tubérculo. O arroz foi colhido após 109 dias da sementeira. Foi registada a diferença entre o rendimento em grãos e em palha do arroz para cada tubérculo. As panículas foram separadas das palhas. As panículas e as palhas foram secas em estufa a 60-70° C até atingirem um peso constante, e os pesos foram registados. As panículas foram debulhadas e pesadas. Os grãos cheios foram separados dos grãos não cheios com uma solução salina, depois lavados, secos na estufa, pesados e contados. A segunda colina na fila do meio de cada bueiro foi utilizada para contar os grãos cheios por panícula, os grãos não cheios por panícula, o total de grãos por panícula e o peso de 1000 grãos. Cerca de 10 g de grãos e palha representativos foram moídos para passar por uma peneira de 1 mm e foram mantidos em frascos de plástico para análises químicas.

Nutriente na solução do solo

Amostragem da solução do solo

O amostrador de solo modelo SPS200 foi utilizado neste estudo para obter amostras da solução do solo. Um copo de cerâmica porosa foi fixado no fundo de um tubo de PVC vazio. Todos os tubos foram inseridos no solo a 3-8 cm de profundidade para recolher o extrato do solo. Foi induzida uma depressão no interior do tubo por uma bomba para criar vácuo absoluto, de modo a que a solução do solo fosse extraída do solo através do copo de cerâmica porosa para o tubo. Logo após a recolha, o extrato do solo foi tratado com 5 ml de solução de acetato de fenilmercúrio (PMA) para parar a atividade microbiana e levado imediatamente para o laboratório para análise. As amostras foram recolhidas semanalmente para análise de macronutrientes essenciais para as plantas (N, P, K, Ca e Mg) e micronutrientes (Zn, Cu, Fe e Mn).

Nutrientes no solo, palha e grãos

A amostra de solo foi recolhida três vezes: após a preparação do terreno (antes da sementeira), 51 dias após a sementeira (DAS) e após a colheita. As palhas foram recolhidas duas vezes, aos 51 DAS e após a colheita, e os grãos foram analisados uma vez. Cerca de 10 g de grãos representativos (aproximadamente 350 sementes) e palha foram moídos para passar por uma peneira de 1 mm e foram mantidos em recipientes de plástico para análises químicas. O teor de N total das amostras de grãos e palha foi analisado pelo método de digestão com

H2SO4 (Bremner e Mulvancy, 1982). As amostras de grãos e palha foram digeridas com H2SO4 e H2O2 (Thomas *et al.,* 1976). O teor de fósforo e potássio na amostra digerida foi analisado por um analisador automático (Technicon Industrial System, 1977), e Ca, Mg, Zn, Cu, Fe e Mn foram analisados por espetrofotómetro de absorção atómica.

Potencial redox

Equipamento

Elétrodo de platina

i) Medidor de pH portátil Mettler Toledo MP120
ii) Solução tampão ORP 220 mV

Medição de redox

O valor do potencial redox foi medido a 4 cm de profundidade do solo devido à limitação do comprimento do elétrodo de platina, utilizando o medidor de pH portátil Mettler Toledo MP120. O elétrodo redox foi calibrado com uma solução-tampão ORP 220 mV para garantir uma leitura exacta do potencial redox no solo. O elétrodo redox foi inserido no solo e ligado ao medidor de pH para obter a leitura.

pH do solo

O medidor de pH Mettler Toledo MP120 foi utilizado para medir o pH do solo. O elétrodo de pH foi introduzido no solo e ligado ao medidor de pH para obter a leitura do pH, que foi feita semanalmente de manhã (7-8 horas).

Análise estatística

Os dados foram analisados através da análise de variância (ANOVA). As médias foram comparadas através do teste de Duncan de intervalo múltiplo (DMRT) ao nível de 5%, utilizando o software Statistical Analysis System versão 6.12 (SAS, 1996).

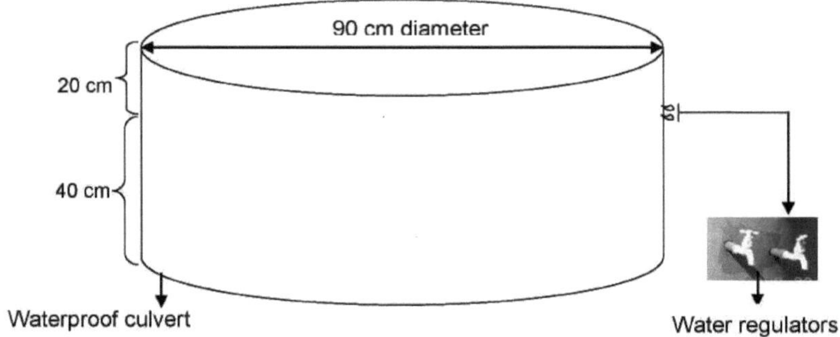

Figura 1 Diagrama esquemático da conduta de betão à prova de água utilizada neste estudo

Foram efectuados cinco tratamentos diferentes com água de inundação, como se indica a seguir

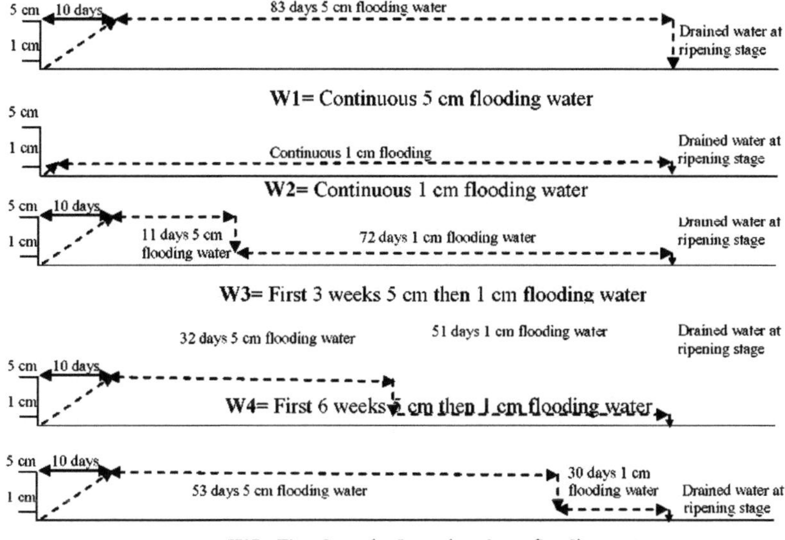

Figura 2 Apresentação gráfica dos cinco diferentes tratamentos de inundação

Capítulo 3

RESULTADOS E DISCUSSÃO

Rendimento e componentes do rendimento

Número do motocultivador

Neste estudo, não houve efeito significativo de diferentes regimes de inundação no número de perfilhos (Tabela 4.1). Os dados na Tabela 4.2 mostraram que os números de perfilhos estavam na faixa de 674 a 696 por m^2 . A produção de perfilhos foi encontrada para ser significativamente mais baixa sob capacidade de campo do que condições inundadas e saturadas (Sariam, 2004). Neste estudo, todos os tratamentos estavam acima do nível de saturação, portanto, não houve efeito do estresse hídrico na produção de perfilhos. Portanto, o número de perfilhos permaneceu inalterado sob diferentes níveis de inundação.

Número da panícula

Não houve diferença significativa para o número de panículas entre os tratamentos (Tabela 4.1). O número de panículas estava na faixa de 636 a 665 por m^2 (Tabela 4.2). O número de panículas produzidas não foi significativamente diferente para o arroz cultivado em condições inundadas e saturadas. No entanto, de acordo com Sariam (2004), a produção de panículas foi significativamente reduzida quando o arroz foi cultivado sob capacidade de campo. Uma vez que a água foi mantida acima do nível de saturação neste estudo, não foi observada nenhuma redução no número de panículas entre os tratamentos.

Grãos cheios por panícula

Não houve diferença significativa para grãos cheios por panícula observados sob diferentes níveis de inundação (Tabela 4.1). Os grãos cheios estavam na faixa de 89 a 101 por panícula (Tabela 4.2), o que foi comparativamente semelhante aos dados obtidos por MARDI (2000). De acordo com Ishizuka e Tanaka (1953), o aumento do número de grãos cheios pode dever-se à contribuição dos hidratos de carbono. No presente estudo, as folhas de arroz apresentaram-se verde-escuras durante a maturação, o que pode ajudar a acumular mais hidratos de carbono através da fotossíntese e resultar em grãos mais cheios.

Grãos não cheios por panícula

Não houve efeito significativo de diferentes níveis de inundação sobre os grãos não preenchidos por panícula (Tabela 4.1). O número de grãos não cheios por panícula estava na faixa de 20 a 26 por panícula sob diferentes níveis de inundação (Tabela 4.2).

Peso de 1000 sementes

O peso de 1000 sementes estava na faixa de 27.1 a 27.7 g (Tabela 4.2) que é comparável ao MARDI (2000) i.e. 27.1 g. O peso de 1000 sementes não foi significativamente diferente sob diferentes níveis de inundação (Tabela 4.1).

Rendimento em palha

Não houve diferença significativa entre o peso da palha e os diferentes níveis de inundação (Tabela 4.1). O peso da palha variou entre 13,15 e 14,46 ton ha^{-1} em condições secas e entre 47,56 e 53,81 ton ha^{-1} em condições húmidas, respetivamente (Quadro 4.2). Portanto, neste estudo, não houve efeito de diferentes níveis de inundação no rendimento da palha.

Rendimento

Não houve diferença significativa de rendimento sob diferentes regimes de inundação (Quadro 4.1) no que diz respeito ao rendimento húmido (juntamente com o peso dos grãos cheios e não cheios logo após a colheita) e ao rendimento seco (grãos cheios secos). O rendimento foi de 19,46 a 20,08 t/ha, e de 12,39 a 11,87 t/ha como grão húmido e seco, respetivamente (Quadro 4.2). O rendimento total de grãos secos e cheios (com 12 % de humidade) foi de 12 toneladas por hectare, embora MARDI (2000) tenha referido 10,70 toneladas por hectare da variedade MR219. Khanif (2002, não publicado) encontrou 10,30 toneladas por ha para a mesma variedade de arroz MR219 numa experiência realizada na estação de investigação de arroz do MARDI em Tanjang Karang, Selangor. MARDI (2000) também referiu que, para atingir um rendimento de 10 t/ha, o número de panículas num metro quadrado deve ser superior a 500. No presente estudo, o número de panículas varia entre 674 e 696 por metro quadrado; por conseguinte, foram observados rendimentos de mais de 12 t/ha.

Nutriente na solução do solo

Fitodisponibilidade da concentração de amónio ($NH_4)^+$

As concentrações de amónio não foram significativamente diferentes na solução do solo sob diferentes níveis de inundação, com um intervalo semanal. Por conseguinte, não houve efeito de diferentes regimes hídricos na concentração de amónio na solução do solo. No entanto, foi significativamente diferente em 1st e 11th data de amostragem (Figura 4.1). Na primeira amostragem, não houve efeito dos diferentes regimes de inundação

na concentração de amónio, porque a água foi aplicada posteriormente.
A Figura 4.1 mostra que a concentração de NH_4^+ aumentou após a inundação na fase de plântula e pode ser devido ao efeito da irrigação. Quando o solo é inundado, o azoto incorporado passa para a forma de amónio (NH_4^+), que é estável em condições de inundação e tem maior disponibilidade. Ponnamperuma (1965) afirmou que a disponibilidade de azoto é maior em solos inundados do que em solos não inundados. A disponibilidade de azoto em solos inundados aumenta com o aumento do teor de azoto no solo, do pH do solo, da temperatura e da duração do período anterior de ausência de água no solo.
Após 3th semanas, a concentração de NH_4^+ diminuiu gradualmente devido à absorção pelas plantas e às perdas do solo por diferentes vias. As plantas aumentaram gradualmente a sua absorção de azoto desde a fase de perfilhamento primário até à fase de maturação. Ishizuka (1965) resumiu a absorção de azoto em diferentes fases de crescimento, a percentagem de azoto na planta diminuiu ligeiramente após o transplante e depois aumentou até ao início da floração. Depois disso, a percentagem de azoto diminuiu continuamente até à fase de massa e manteve-se quase constante até à maturação completa. Por conseguinte, de acordo com os resultados acima referidos, a concentração de amónio aumentou nas primeiras semanas após a inundação e depois diminuiu gradualmente até à fase de floração na solução do solo, em resultado de as plantas absorverem mais azoto na fase vegetativa do que na fase de maturação.
Não se verificou qualquer efeito da segunda aplicação de ureia na concentração de amónio na solução do solo (Figura 4.1). O azoto total situava-se entre 3,2 e 3,6 % e 2,1 e 2,4 % aos 51 dias após a plantação e na fase de maturação, respetivamente. A taxa de absorção de amónio pela planta pode ser mais elevada durante a fase vegetativa. Por conseguinte, a concentração de amónio aumentou após a aplicação do fertilizante de base; no entanto, o mesmo efeito não foi observado após a segunda aplicação de ureia. A Figura 4.1 indica que a concentração de amónio não diminuiu de acordo com a tendência anterior após a fase de floração até à fase de maturação devido à aplicação de fertilizante composto (N: P_2O_5: K_2O=12:12:17) a 50th e 71st DAS do arroz. O fertilizante composto pode ter um efeito positivo na concentração de amónio na solução do solo. A concentração de amónio manteve-se mais ou menos inalterada sob diferentes regimes de inundação na solução do solo a intervalos semanais, sem qualquer efeito no rendimento e nos componentes do rendimento.
Fitodisponibilidade da concentração de fósforo
Não houve efeito significativo dos diferentes regimes de inundação na concentração de fósforo na solução do solo em intervalos semanais. Embora a concentração de fósforo tenha sido significativamente diferente na sétima semana no tratamento W2 (1 cm contínuo) em comparação com outros tratamentos (Figura 4.2), a razão para tal observação não é clara. De um modo geral, durante a cultura do arroz, as concentrações de fósforo foram semelhantes em todos os tratamentos, a intervalos semanais.
A figura 4.2 mostra que a concentração de fósforo diminuiu lentamente nas primeiras quatro semanas e depois aumentou. De acordo com Patrick e Mahapatra (1968), em solos inundados, o aumento da disponibilidade de fósforo após a inundação deveu-se aparentemente à hidrólise de $AlPO_4$ e à redução de $FePO_4$. Não é claro porque é que a concentração de fósforo diminuiu durante este período na solução do solo. Pode ser devido ao efeito da fixação do fósforo com o ferro ou devido à absorção pelas plantas. A concentração de fósforo na palha era de 0,86% aos 51 dias após a plantação, em comparação com a maturação, que era de 0,66%. A disponibilidade e a fixação do fósforo são duas reacções químicas opostas que determinam em grande medida o estado do fósforo nos solos. Após períodos prolongados de inundação, o fósforo torna-se menos disponível devido a uma maior fixação (Patrick e Mahapatra, 1968). Chiang (1963) afirmou que a concentração de fósforo afectava significativamente as propriedades do solo, como a concentração de ferro na solução do solo. Após a quarta data de amostragem, a concentração de fósforo aumentou sob diferentes níveis de inundação. Estes aumentos podem ser devidos à aplicação de fertilizantes e continuaram a aumentar até à fase de maturação. De acordo com Chiang (1963), um elevado teor de fósforo disponível permanece na solução do solo devido à diminuição do potencial redox. A concentração de fósforo diminuiu novamente após a drenagem da água. Ponnamperuma (1972) afirma que, na fase de maturação, a concentração de fósforo diminui após a drenagem da água do arrozal.
Fitodisponibilidade da concentração de potássio
A concentração de potássio não foi significativamente diferente entre os tratamentos, exceto na amostragem da 7ath semana (Figura 4.3). Na sétima data de amostragem, a concentração de potássio em W2 (inundação contínua com 1 cm) não foi significativamente diferente de W1 (inundação contínua com 5 cm). No entanto, foi significativamente diferente do W1 na 12ath data de amostragem. Exceto nas duas datas de amostragem acima mencionadas, a concentração de potássio foi insignificantemente mais elevada no tratamento W2 do que no W1.
Na segunda data de amostragem (Figura 4.3), a concentração de potássio diminuiu na solução do solo. No campo, a lixiviação pode reduzir uma quantidade considerável de potássio. Chang (1971) referiu que as

perdas de potássio por lixiviação podem ser substanciais. Sabe-se também que a planta de arroz pode absorver uma grande percentagem de potássio da forma não permutável em condições húmidas do que em condições secas. O potássio está presente nos solos sob quatro formas, que se encontram em equilíbrio dinâmico, de acordo com Su (1976):

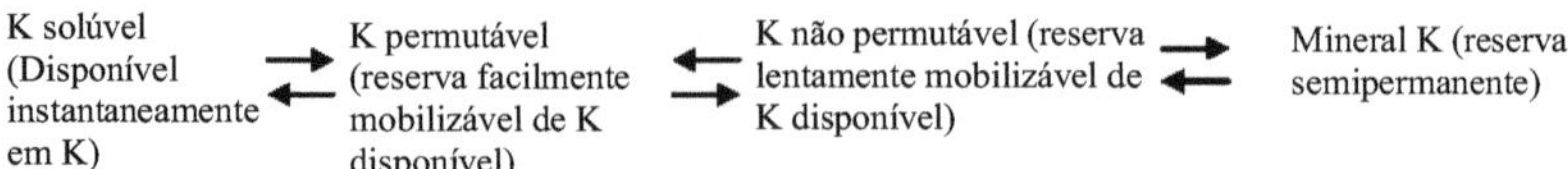

No entanto, a concentração de potássio aumentou na solução do solo devido à aplicação da dose basal de fertilizante. Com o alagamento, os iões ferrosos solúveis e os iões manganosos aumentam, e o potássio permutável é então deslocado para a solução do solo. O aumento do potássio solúvel no solo após o alagamento está intimamente relacionado com o teor de iões ferrosos na solução do solo (De Datta, 1981). Depois, a concentração de potássio em todos os tratamentos diminuiu gradualmente na solução do solo até às 7 semanas, o que pode dever-se ao efeito da absorção pelas plantas. Outro efeito pode ser uma concentração excessiva de ferro ferroso na solução do solo em determinadas condições, que se combina com os sais de potássio no solo para formar sais duplos pouco solúveis constituídos por K_2SO_4, $FeSO_4$ e H_2O em várias proporções, diminuindo assim a disponibilidade de potássio. A absorção excessiva de ferro pode retardar a absorção de potássio (Chang, 1971). Após a aplicação de fertilizante composto, a concentração de potássio aumentou novamente desde a floração até à fase de maturação na solução do solo. De acordo com Ishizuka (1965), a percentagem de potássio diminuiu gradualmente de acordo com o crescimento da planta. A partir da floração e até à maturação completa, voltou a aumentar.

Fitodisponibilidade da concentração de cálcio

Os dados da concentração de cálcio na solução do solo indicam que não houve diferença significativa sob diferentes níveis de inundação em intervalos semanais, exceto na primeira data de amostragem (Figura 4.4). A Figura 4.4 indica que a concentração de cálcio diminuiu após a inundação. Diminuiu gradualmente na solução do solo desde o estágio de perfilhamento primário até o estágio de floração com o tempo até a aplicação do fertilizante composto. De acordo com Ishizuka (1965), a percentagem de cálcio diminui gradualmente de acordo com o crescimento da planta de arroz, e pode aumentar novamente a partir da fase de floração. A concentração de cálcio aumentou bastante após a aplicação do adubo composto. O efeito deve-se provavelmente ao facto de o adubo composto conter 0,4 % de Ca (Quadro 3.3). Assim, o fertilizante composto tem um efeito positivo na concentração de Ca na solução do solo. A concentração de Ca diminuiu novamente na solução do solo após a drenagem da água.

Fitodisponibilidade da concentração de magnésio

Não houve diferença significativa para a concentração de magnésio sob diferentes níveis de inundação na solução do solo em intervalo semanal (Figura 4.5). A Figura 4.5 indica que a concentração de Mg diminuiu gradualmente até a fase de floração com plantas cultivadas em solução do solo analisada em intervalos semanais. Talvez isso se deva ao facto de as plantas absorverem frequentemente as fases de iniciação das plântulas e das panículas. Além disso, a concentração de Mg foi semelhante em todos os tratamentos em diferentes datas de amostragem sob diferentes regimes de água de inundação. A Figura 4.5 indica que a concentração de magnésio permaneceu um pouco inalterada durante a fase de maturação após a aplicação do fertilizante composto. O fertilizante composto contendo 0,6% de Mg (Tabela 3.3) foi aplicado, portanto, pode ter efeitos do fertilizante composto na concentração de Mg na solução do solo com o tempo.

Fitodisponibilidade da concentração de zinco

Os dados da tabela (Figura 4.6) mostram que a concentração de Zn não foi significativamente diferente sob diferentes níveis de inundação num intervalo semanal. Em geral, o valor foi inferior ao nível crítico (0,5-0,8 ppm; De Datta, 1981) na solução do solo. Quando um solo é submerso, a concentração da maioria dos elementos nutritivos aumenta, mas o Zn é uma exceção. A concentração de zinco solúvel em água diminui e atinge valores tão baixos como 0,03 mg/L, apesar da dessorção dos hidratos de óxido de Fe^{+3} e Mn^{+4} . Isto reflecte-se na absorção de Zn pela planta de arroz (IRRI, 1970). Uma diminuição na concentração de zinco solúvel em água é uma das poucas desvantagens de inundar o solo para o arroz. A deficiência de zinco no arroz de terras húmidas tem recebido mais atenção do que qualquer outro problema de elementos menores nos últimos anos. Desde então, foi reconhecida como um problema de campo por Nene (1966). A Figura 4.6 mostra que a concentração de zinco foi relativamente constante na solução do solo até 7th semana até que a aplicação de fertilizante composto foi feita. A concentração de Zn aumentou até um certo nível após a aplicação do adubo composto às 7th semanas, e depois diminuiu novamente. O fertilizante composto aplicado continha 156 mg/kg de Zn (Quadro 3.3). Por outro lado, a concentração de Zn não aumentou como anteriormente com a segunda aplicação de fertilizante composto.

No entanto, a Figura 4.6 indica claramente que a concentração de Zn aumentou acentuadamente depois de a água ter sido drenada do tubo de arroz em todos os tratamentos. Quando a água foi drenada do tubo de arroz, ocorreram alterações físico-químicas no solo, o que fez com que a forma indisponível de Zn passasse para a forma disponível. Por conseguinte, a concentração de Zn aumentou após a drenagem da água e depende muito do regime hídrico. A concentração de Zn é mais elevada no solo seco do que no solo inundado. A deficiência de Zn em solos de arroz pode ser evitada drenando e secando a terra antes da plantação (IRRI, 1970).

Fitodisponibilidade da concentração de cobre

Os dados da tabela (Figura 4.7) indicam que não houve diferença significativa para a concentração de cobre sob diferentes regimes de inundação na solução do solo em um intervalo semanal. A inundação do solo é uma das principais causas da deficiência da concentração de cobre no solo das terras baixas. Este facto deve-se à associação com os óxidos do solo. Alguns óxidos cristalinos de ferro, que têm uma forte capacidade de fixar o cobre adicionado por micróbios redutores, explicam a baixa concentração de cobre no solo inundado (Mandal e Haldar, 1990). A Figura 4.7 indica que a concentração de Cu permanece constante até 4th semanas, e depois diminui acentuadamente. O potencial redox tem um papel importante na concentração de cobre no solo. A um potencial redox mais elevado (100 a 500 mV), a disponibilidade de Cu diminui ligeiramente na solução do solo devido à adsorção de Cu no complexo de troca do solo. A um potencial redox mais baixo (0 a -200 mV), a disponibilidade de Cu diminui abruptamente na solução do solo devido à fixação química do Cu como sulfureto (Reddy e Patrick, 1977). A concentração de cobre aumentou novamente da quinta para a oitava data de amostragem. Pode ser devido ao efeito da aplicação de fertilizante composto. Além disso, voltou a diminuir até à fase de maturação devido à absorção pela planta ou ao efeito de inundações. A concentração de Cu na solução do solo diminuiu com a duração da submersão. A concentração de cobre solúvel em água num solo diminui com a inundação, apesar da dessorção dos hidratos de óxido de Fe^{+3} e Mn^{+4} . Outro estudo relatou por Norwell e Lindsay (1969) que a concentração de Cu diminuiu com a inundação da água.

Fitodisponibilidade da concentração de ferro ferroso

As concentrações de Fe^{+2} não foram significativamente diferentes consoante os diferentes regimes de inundação no tempo. No entanto, nas datas de amostragem 11th e 12th , as concentrações de Fe^{+2} foram significativamente diferentes em W1 em comparação com W4, mas insignificantemente mais altas do que outros tratamentos (Figura 4.8). Isso pode ser devido ao efeito do alto nível de água de inundação na concentração de Fe na solução do solo. W1 é a inundação contínua de 5 cm, portanto a concentração de Fe era alta. A Figura 4.8 mostra que a inundação aumentou as concentrações de Fe^{+2} de acordo com o crescimento da planta. As principais alterações químicas que ocorrem quando um solo é submerso são a redução do ferro e o aumento da solubilidade do Fe^{2+} . O arroz beneficia do aumento da disponibilidade de ferro mas pode sofrer, em solos ácidos, de um excesso. Após a submersão de um solo, o óxido de Fe hidratado^{3+} reduz-se a compostos de Fe^{2+} . A concentração de ferro solúvel em água pode variar de 0,1 mg/L logo após a submersão até 600 mg/L. Em solos sulfatados ácidos, a concentração pode chegar a 5000 mg/L algumas semanas após a submersão (Ponnamperuma, 1976). Na semana de amostragem 11th , a concentração de ferro ferroso aumentou acentuadamente até um certo nível. Isto pode ser devido aos efeitos do pH do solo na concentração de Fe. A concentração de ião ferroso no solo é muito sensível à alteração do pH. Uma diminuição de uma unidade de pH aumentará a concentração de ferro ferroso em cem vezes (De Datta, 1981).

A concentração de Fe diminuiu acentuadamente após a drenagem da água parada, possivelmente devido ao efeito da condição seca na concentração de Fe. Ponnamperuma (1977) referiu que, quando os solos secam, o oxigénio entra no solo e oxida estas substâncias em hidratos de óxido de Fe^{3+} . Em solos com sulfato ácido, o Fe^{3+} também pode se apresentar como $KFe_3(OH)_6(SO_4)$ (jarosita), $NaFe_3(OH)_6(SO_4)$ (natrojarosita, e $Fe_2(SO_4)_3.9H_2O$ (coquinolita). Por conseguinte, os diferentes regimes de inundação têm um papel vital na concentração de Fe na solução do solo. Consequentemente, os regimes de inundação elevados podem implicar um risco de toxicidade do Fe na solução do solo.

Fitodisponibilidade de Manganês (Mn^{2+}) Concentração

Não houve diferença significativa entre a concentração de Mn^{+2} e os diferentes níveis de inundação na solução do solo em intervalos semanais. Além disso, estes foram significativamente diferentes entre os tratamentos apenas na quarta data de amostragem (Figura 4.9). Isso pode ser o efeito de diferentes níveis de inundação na concentração de Mn^{+2} . A mobilização de manganês no solo aumentou acentuadamente após a inundação devido à redução de compostos mangânicos para formas mais solúveis devido ao metabolismo anaeróbico das bactérias do solo. A Figura 4.9 mostra que a concentração de Mn^{+2} aumentou acentuadamente nas primeiras três semanas e diminuiu acentuadamente nas três semanas seguintes. Dentro de 1-3 semanas após a inundação, quase todo o manganês extraível por ditionato de EDTA presente nos solos, exceto aqueles com baixo teor de matéria orgânica, foi reduzido (IRRI, 1964). A redução, tanto química como biológica, precede a redução do ferro. A cinética do Mn solúvel em água^{2+} reflecte a influência das propriedades do solo nas transformações do manganês (IRRI, 1964). Depois disso, a concentração de Mn^{+2} permaneceu inalterada até o estágio de amadurecimento. Solos ácidos com alto teor de manganês e matéria orgânica acumulam concentrações de Mn^{2+} solúvel em água tão altas quanto 90 ppm dentro de uma ou duas semanas após a submersão, e então mostram um declínio igualmente rápido até um nível razoavelmente estável de cerca de 10 ppm (Cho e Ponnamperuma, 1971). Após a quinta semana, as concentrações de Mn^{2+} permanecem relativamente constantes até à colheita.

Concentração de nutrientes no solo

Nitrogénio

No solo, o nitrogênio total estava na faixa de 0,31 a 0,34% e 0,30 a 0,36% após o preparo do solo e 51 dias após a semeadura, respetivamente. Após a colheita, foi significativamente maior em W2 em comparação com W4 (Tabela 4.3). Assim, durante o cultivo do arroz, não houve efeito dos diferentes níveis de água na concentração de azoto.

Fósforo

No solo, a concentração total de fósforo situava-se entre 26 e 37 mg/kg e 14 e 18 mg/kg após a preparação do terreno e 51 dias após a sementeira, respetivamente. Na fase intermédia, a concentração de fósforo era comparativamente mais baixa do que imediatamente após a preparação do terreno e após a colheita. Pode ser o efeito da absorção pelas plantas. Após a colheita (Quadro 4.4), a concentração de fósforo no W1 foi significativamente inferior à do W5, mas insignificantemente inferior à dos outros.

Potássio

A concentração de potássio foi significativamente diferente entre os tratamentos após a preparação do solo (Quadro 4.5). Após 51 DAS, a concentração de potássio foi significativamente maior em inundação contínua de 1 cm do que em água parada contínua de 5 cm. No entanto, após a colheita, a concentração de potássio não foi significativamente diferente e a concentração de potássio aumentou na fase de maturação em comparação com 51 dias após a sementeira, situando-se entre 311 e 554 mg/kg.

Cálcio

O cálcio total foi significativamente diferente entre os tratamentos no solo após a preparação do terreno (Quadro 4.6). No entanto, após a submersão, a concentração de cálcio aumentou em todos os tratamentos, em comparação com a concentração após a preparação do solo. A concentração de cálcio variou entre 0,22 e 0,27% e 0,29 e 034% na fase intermédia e na fase de maturação, respetivamente.

Magnésio

A concentração de magnésio estava na faixa de 0,08 a 0,18 % e 0,068 a 0,075 % após a preparação do solo e após a colheita, respetivamente. No entanto, a concentração de magnésio foi significativamente diferente entre os tratamentos aos 51 dias após a semeadura (Tabela 4.7).

Zinco

A concentração de zinco foi significativamente diferente entre os tratamentos antes da sementeira do arroz (Quadro 4.8). No entanto, a concentração de Zn estava na faixa de 3,1 a 3,3 mg/kg e 5 a 5,8 mg/kg no solo aos 51 DAS e após a colheita, respetivamente. A concentração de Zn foi razoavelmente mais elevada após a colheita do que após a preparação do solo e 51 dias após a preparação do solo. Provavelmente devido ao efeito da condição aeróbica, porque durante o amadurecimento a água foi drenada do bueiro.

Ferro

A concentração de ferro estava na faixa de 98 a 128 mg/kg e 270 a 288 mg/kg no solo após a preparação da terra e no estágio médio da planta de arroz (51 dias), respetivamente. No entanto, a concentração de Fe foi significativamente diferente entre os tratamentos após a colheita (Quadro 4.9). A concentração de ferro aumentou após a inundação, e foi maior no estágio médio da planta de arroz. Depois que a água foi drenada do bueiro, a concentração de ferro diminuiu no solo. A concentração de ferro solúvel em água pode variar de 0,1 mg/kg logo após a submersão até 600 mg/kg. Em solos com sulfato ácido, a concentração pode atingir 5000 mg/kg algumas semanas após a submersão (Ponnamperuma, 1976).

Cobre

A concentração de cobre estava na faixa de 1,56 a 1,75 mg/kg e 1,61 a 2,57 mg/kg no solo após a preparação do terreno, e 51 DAS, respetivamente. No entanto, a concentração de cobre foi significativamente diferente entre os tratamentos após a colheita (Quadro 4.10). Provavelmente devido ao efeito da condição aeróbica, porque durante a maturação a água foi drenada. Os resultados mostram que a concentração de cobre diminuiu no solo após a inundação na fase intermédia do arroz. A concentração de cobre solúvel em água num solo diminui com a inundação, apesar da dessorção dos hidratos de óxido de Fe^{+3} e Mn^{+4} (Norwell e Lindsay, 1969).

Manganês

No solo, a concentração de manganês foi significativamente diferente após a preparação do terreno (Quadro 4.11). A concentração de manganês no solo foi significativamente diferente após a preparação do terreno (quadro 4.11), situando-se entre 38 e 40 mg/kg e entre 25 e 28 mg/kg aos 51 DAS e após a colheita, respetivamente. A concentração de Mn diminuiu no solo após a colheita, em comparação com a concentração após a preparação do terreno e aos 51 DAS. Por conseguinte, a inundação aumentou a disponibilidade de Mn no solo. Além disso, o estudo mostra que a inundação não tem efeito na concentração de Mn no solo.

Concentração de nutrientes na palha

Nitrogénio

Os dados do Quadro 4.12 indicam que o azoto total se situava entre 3,2 e 3,6% aos 51 dias após a sementeira da planta de arroz. Além disso, foi significativamente diferente entre os tratamentos após a colheita, mas W1 e W2 não foram significativamente diferentes (Quadro 4.12). A taxa de absorção de azoto foi mais elevada na fase vegetativa do que na fase de maturação. Ishizuka (1965) resumiu a absorção de azoto em diferentes fases de crescimento, a percentagem de azoto na planta diminuiu ligeiramente após o transplante, e depois aumentou até ao início da floração. Depois disso, a percentagem de azoto diminuiu continuamente até à fase de massa e manteve-se quase constante até à maturação completa. Yoshida (1981) referiu que a quantidade de azoto acumulado é geralmente paralela à acumulação de matéria seca e aumenta com a idade da planta. Por conseguinte, na fase vegetativa, a taxa de absorção de azoto pela planta pode ser mais elevada do que na fase de maturação.

Fósforo

O fósforo total estava na faixa de 0,74 a 0,86 % e 0,54 a 0,66 % na meia idade e após a colheita, respetivamente (Tabela 4.13). A concentração de fósforo total na palha foi maior aos 51 DAS do que na fase de colheita. Por conseguinte, as plantas absorvem mais fósforo durante a fase vegetativa do que na fase de maturação. De acordo com Ishizuka, (1965), a percentagem de fósforo diminuiu rapidamente após o transplante, depois aumentou gradualmente e atingiu uma percentagem elevada na altura da floração. Esta percentagem elevada manteve-se durante a fase de floração e depois diminuiu até à fase de massa. Isto coincidiu com a translocação e acumulação de amido no grão, mostrando uma relação estreita entre o metabolismo dos hidratos de carbono e o fósforo.

Potássio

Na palha, o potássio total estava na faixa de 5,5 a 5,9% no estágio intermediário, mas foi significativamente diferente entre os tratamentos após a colheita (Tabela 4.14). No entanto, não houve diferença significativa entre os tratamentos W1 e W2. Ishizuka (1965) relatou que a percentagem de potássio diminuiu gradualmente de acordo com o crescimento da planta. Aumentou novamente a partir da floração até à maturação completa.

Cálcio

O cálcio total estava na faixa de 0,35 a 0,45% na idade média da planta de arroz. No entanto, foi significativamente diferente entre os tratamentos após a colheita. O tratamento W1 foi significativamente superior ao W2 e não diferiu significativamente dos outros (Quadro 4.15).

Magnésio

Na palha, o magnésio total estava na faixa de 0,85 a 0,96% e 0,75 a 0,84% na idade média e após a colheita (Tabela 4.16). A concentração de Mg foi quase semelhante a todos os tratamentos em ambas as épocas de amostragem. No entanto, Ishizuka (1965) verificou que a percentagem de magnésio era elevada desde o transplante até ao meio do perfilhamento e depois diminuía gradualmente.

Zinco

A concentração de zinco estava na faixa de 341 a 363 mg/kg e 345 a 380 mg/kg no estágio intermediário e após a colheita, respetivamente (Tabela 4.17). A concentração de Zn na planta foi mais ou menos semelhante em ambos os períodos de amostragem. Os regimes de inundação não têm efeito na absorção de Zn pelas plantas de arroz.

Ferro

O ferro estava na faixa de 0,11 a 0,115 % após o preparo do solo. No entanto, a concentração de ferro foi significativamente diferente após a colheita entre os tratamentos (Tabela 4.18). Após o alagamento, a concentração de ferro aumentou com o crescimento da planta até a drenagem da água. Portanto, a inundação aumentou a concentração de ferro no solo, enquanto as plantas também podem absorver mais.

Cobre

Na palha, a concentração de cobre não foi significativamente diferente em todos os tratamentos; situou-se na gama de 72 a 90 mg/kg e 72 a 97 mg/kg na meia-idade e após a colheita, respetivamente (Quadro 4.19). A concentração de cobre foi semelhante na palha em ambas as épocas de amostragem.

Manganês

A concentração de manganês foi de 640 a 766 mg/kg na fase intermédia e de 651 a 740 mg/kg após a colheita (Quadro 4.20). A concentração de Mn foi semelhante em ambos os períodos de amostragem, pelo que os diferentes níveis de água não têm efeitos na absorção de Mn pelas plantas de arroz.

Concentração de nutrientes no grão

Macronutrientes

O quadro 4.21 mostra que a concentração de azoto foi significativamente diferente em todos os tratamentos. A concentração de fósforo foi mais ou menos similar em todos os tratamentos sob diferentes regimes de inundação e estava na faixa de 0,78 a 0,92%. A concentração de potássio no grão foi estatisticamente diferente no W1 em comparação com os outros tratamentos. A concentração de cálcio estava entre 200 e 337 mg/kg no grão. A concentração de magnésio foi estatisticamente diferente em W4 em relação aos outros tratamentos, mas não houve diferença significativa entre W1 e W2.

Micronutrientes

A concentração de zinco situava-se entre 281 e 291 mg/kg, enquanto a concentração de ferro era de 0,08 %. A concentração de cobre estava na faixa de 71 a 82 mg/kg. A concentração de Mn foi significativamente maior em W1 em comparação com W2 (Tabela 4.21).

Potencial redox e pH do solo

Potencial redox (Eh)

Não se registou qualquer efeito dos diferentes níveis de inundação no potencial redox nas primeiras duas semanas, uma vez que a água foi aplicada posteriormente. Após a aplicação de água de acordo com o tratamento, o valor do potencial redox mudou rapidamente num par de dias, de acordo com a profundidade e a duração da água. Verificou-se que os valores redox eram negativamente mais baixos nos tratamentos que estavam sob água de inundação contínua de 5 cm do que sob água de inundação de 1 cm ao longo do tempo. O tratamento W2 (água de inundação contínua de 1 cm) apresentou sempre valores redox significativamente mais elevados do que o tratamento W1 (água de inundação contínua de 5 cm). Os tratamentos que estavam sob 5 cm de inundação não foram significativamente diferentes com o tempo, da mesma forma que os tratamentos que estavam sob 1 cm de inundação não foram significativamente diferentes com o tempo (Quadro 4.22). O valor do potencial redox foi estatisticamente significativo entre 5 cm de água de inundação e 1 cm de água parada.

Após a data de amostragem de 5th , os níveis de inundação mudaram de 5 cm para 1 cm no tratamento W3. O valor redox foi significativamente diferente em W2 e W3 em relação aos outros tratamentos. Em alternativa, o valor Eh de W1, W4 e W5 não foi significativamente diferente. Os mesmos resultados foram encontrados na data de amostragem 7th sob diferentes níveis de água.

Após a data de amostragem 7th , os níveis de inundação do tratamento W4 foram alterados de 5 cm para 1 cm de inundação. Portanto, o valor redox de W2, W3 e W4 foi significativamente diferente dos tratamentos W1 e W5 nas datas de amostragem 8th e 9th . Durante este período, o valor redox situou-se entre 43 e -03 mV e -65 e -104 mV sob água de inundação contínua de 1 cm e água de inundação contínua de 5 cm, respetivamente. O potencial redox foi negativamente mais elevado nos tratamentos que estiveram sob 5 cm de água de inundação ao longo do tempo. Resultados semelhantes foram encontrados em 10th data de amostragem e o valor redox estava na faixa de 17 a -6 mV em W2, W3, W4 e -93 a -123 em W1, W5, respetivamente. O valor redox de W2, W3, 53
e W4 foram significativamente diferentes dos tratamentos W1 e W5. Ao mesmo tempo, o valor redox de W1 foi negativamente mais elevado do que o de W5.

Após 10th data de amostragem, o nível de inundação mudou de 5 cm para 1 cm no tratamento W5. Embora o nível da água tenha sido alterado, o valor redox era semelhante ao da data de amostragem anterior. Resultados semelhantes foram encontrados nas datas de amostragem 12th e 13th . Na fase de amadurecimento, a água foi drenada do tubo experimental e a condição do solo mudou de reduzida para oxidada, como resultado, o valor redox aumentou acentuadamente (Tabela 4.22). A partir da discussão acima, é de concluir que o valor redox foi negativamente mais elevado nos tratamentos que estavam sob 5 cm de água de inundação do que nos tratamentos que estavam sob 1 cm de água de inundação.

A inundação contínua com 5 cm de água apresentou sempre um valor negativo na maioria das datas de amostragem, mas este valor não foi inferior a -150 mV. Os tratamentos W3, W4 e W5 estiveram sob água de inundação de 5 cm nas primeiras 3, 6 e 9 semanas, respetivamente. Depois de mudar o nível de água de inundação de 5 cm para 1 cm, o valor do potencial redox aumentou positivamente e mostrou-se significativamente diferente dos tratamentos que estavam sob 5 cm de água de inundação ao longo do tempo. Por conseguinte, o valor redox está fortemente relacionado com a duração e a profundidade da água parada. No caso do tratamento com água de inundação de 1 cm, após a aplicação da água, esta terminou a partir da conduta no espaço de um dia e o solo manteve-se sem água parada antes da aplicação da água no dia seguinte. Por esta razão, é a melhor perspetiva para o contacto do solo com o ar. Como resultado, os valores do potencial redox aumentaram significativamente em relação aos outros.

A Tabela 4.22 indica que o valor redox se situa entre 67 e -123 mV; por conseguinte, não há possibilidade de emissão de metano a partir do tubo de arroz sob diferentes regimes de inundação. De acordo com Connel e Patrick (1969), a emissão do potencial Redox, que é uma medida do estado de oxidação-redução do solo, tem de ser essencialmente inferior a -150 mV para iniciar a ação das bactérias metanogénicas para a produção de CH4. Neste estudo, o rendimento foi de 12 toneladas por hectare, provavelmente devido ao efeito da taxa de fotossíntese líquida. As plantas de arroz apresentavam um verde muito escuro durante a maturação e as folhas estavam diretamente expostas ao sol, o que pode aumentar a taxa de fotossíntese. Este é um dos factores mais importantes para aumentar o rendimento do arroz. De acordo com Kim *et al.* (1999), a atividade de fotossíntese líquida foi reduzida em condições de solo fortemente reduzido (-150 mV). No presente estudo, o valor do potencial redox foi superior a - 150 mV, pelo que a taxa de fotossíntese pode aumentar o rendimento do arroz até 12 toneladas por hectare, em comparação com MARDI (2000), que registou um valor de 10,3 toneladas por hectare.

pH do solo

Não houve diferença significativa do pH do solo sob diferentes níveis de inundação em intervalos semanais (Figura 4.10). Os valores de pH do solo estiveram na faixa de 5,4 a 6,6 durante todo o período de cultivo do arroz. Após a aplicação do fertilizante, o valor do pH diminuiu na solução do solo devido ao efeito do fertilizante (Figura 4.10). Assim, nas amostragens 3rd e 4th , o nível de pH foi mais baixo do que noutras datas de amostragem e situou-se entre 5,4 e 5,7. O mesmo efeito foi encontrado na época de amostragem 11th após a aplicação do fertilizante, devido ao aumento do catião na solução do solo. O pH do solo é um dos factores mais importantes para conhecer a disponibilidade da maioria dos nutrientes na solução do solo num determinado ambiente. Os resultados obtidos neste estudo revelam que a maioria dos nutrientes estava disponível para absorção pela planta no pH do solo de 5,4 a 5,7.

Tabela 4.1: Tabelas ANOVA de rendimento e componente de rendimento sob diferentes sistemas de irrigação para economia de água a) Número de perfilhos, b) Número de panículas, c) Peso de palha úmida (t/ha), d) Peso de palha seca (t/ha), e) Grãos não preenchidos por panícula, f) Grãos preenchidos por panícula, g) Peso de 1000 sementes, h) Rendimento úmido (t/ha), e i) Rendimento de grãos preenchidos secos (t/ha)

a) Número do leme

Fonte	DF	Soma de quadrados	Quadrado médio	Valor F	Pr > F
Modelo	4	534.50	133.62	0.27	0.89
Erro	15	7372.50	491.50		
Total	19	7907.00			

b) Número de panículas

Fonte	DF	Soma de quadrados	Quadrado médio	F ValuePr > F	
Modelo	4	857.20	214.30	0. 94	190.

Erro	15	17203.00	1146.86		
Total	19	18060.2			

c) Peso da palha húmida (t/ha)

Fonte	DF	Soma de quadrados	Quadrado médio	Valor F	Pr > F
Modelo	4	114.52	28.63	0.97	0.45
Erro	15	443.20	29.54		
Total	19	557.72			

d) Peso da palha seca (t/ha)

Fonte	DF	Soma de quadrados	Quadrado médio	Valor F	Pr > F
Modelo	4	5.29	1.32	0.37	0.82
Erro	15	53.02	3.53		
Total	19	58.32			

e) Grãos não cheios por panícula

Fonte	DF	Soma de quadrados	Quadrado médio	Valor F	Pr > F
Modelo	4	504.30	126.07	0.74	0.57
Erro	15	2550.25	170.01		
Total	19	3054.55			

f) Grãos cheios por panícula

Fonte	DF	Soma de quadrados	Quadrado médio	Valor F	Pr > F

Modelo	4	335.20	83.80	0.58	0.67
Erro	15	2149.75	143.31		
Total	19	2484.95			

g) Peso de 1000 sementes

Fonte	DF	Soma de quadrados	Quadrado médio	Valor F	Pr > F
Modelo	4	1.35	0.33	0.93	0.47
Erro	15	5.47	0.36		
Total	19	6.82			

h) Rendimento húmido (t/ha)

Fonte	DF	Soma de quadrados	Quadrado médio	Valor F	Pr > F
Modelo	4	2.42	0.60	0.08	0.98
Erro	15	108.44	7.22		
Total	19	110.87			

i) Rendimento de grãos secos cheios (t/ha)

Fonte	DF	Soma de quadrados	Quadrado médio	Valor F	Pr > F
Modelo	4	0.61	0.15	0.08	0.98
Erro	15	27.22	1.81		
Total	19	27.83			

Quadro 4.2: Rendimento e componentes do rendimento da planta de arroz cultivada em diferentes regimes de inundação

Tratamentos	Número de perfilhos (m2)	Número de panículas (m2)	Grão/panícula não preenchido	Grão cheio /panícula	1000 sementes peso (g)	Palha seca (t/ha)	Palha húmida (t/ha)	Rendimento húmido (t/ha)	Grãos secos cheios (t/ha)
W1	691a	657a	20a	93a	27.7a	14.28a	51.49a	19.45a	12.39a
W2	695a	665a	26a	92a	27.2a	14.46a	53.81a	20.08a	11.87a
W3	682a	647a	24a	89a	27.8a	13.44a	47.55a	19.05a	12.23a
W4	679a	641a	19a	93a	27.4a	13.15a	47.56a	19.25a	12.27a
W5	674a	636a	23a	101a	27.2a	13.48a	49.95a	19.60a	12.24a

As médias com a mesma letra não são significativamente diferentes na coluna a P<0,05 por DMRT

Tabela 4.3: A concentração de azoto no solo

Tratamentos	Concentração de azoto (%)		
	Após a preparação do terreno	51 DAS	Após a colheita
Inundação contínua a 5 cm	0.34a	0.32a	0,34ab
Inundação contínua a 1 cm	0.31a	0.36a	0.36a
Nas primeiras 3 semanas 5 cm e depois 1 cm de inundação	0.32a	0.34a	0,34ab
Nas primeiras 6 semanas 5 cm e depois 1 cm de inundação	0.32a	0.31a	0.33b
Nas primeiras 9 semanas 5 cm e depois 1 cm de inundação	0.33a	0.30a	0,34ab

As médias com a mesma letra não são significativamente diferentes na coluna a P<0,05 por DMRT

Tabela 4.4: A concentração de fósforo no solo

Tratamentos	Concentração de fósforo (mg/kg)		
	Após a preparação do terreno	51 DAS	Após a colheita
Inundação contínua a 5 cm	34a	16a	23b
Inundação contínua a 1 cm	36a	17a	32ab
Nas primeiras 3 semanas 5 cm e depois 1 cm de inundação	31a	17a	25ab
Nas primeiras 6 semanas 5 cm e depois 1 cm de inundação	26a	14a	29ab
Nas primeiras 9 semanas 5 cm e depois 1 cm de inundação	37a	18a	34a

As médias com a mesma letra não são significativamente diferentes na coluna a P<0,05 por DMRT

Quadro 4.5: Concentração de potássio no solo

Tratamentos	Concentração de potássio (mg/kg)		
	Após a preparação do terreno	51 DAS	Após a colheita
Inundação contínua a 5 cm	311b	134b	326a
Inundação contínua a 1 cm	299b	223a	554a
Nas primeiras 3 semanas 5 cm e depois 1 cm de inundação	538a	233a	311a
Nas primeiras 6 semanas 5 cm e depois 1 cm de inundação	499ab	163ab	366a
Nas primeiras 9 semanas 5 cm e depois 1 cm de inundação	686a	208ab	472a

As médias com a mesma letra não são significativamente diferentes na coluna a P<0,05 por DMRT

Quadro 4.6: Concentração de cálcio no solo

Tratamentos	Concentração de cálcio (%)		
	Após a preparação do terreno	51 DAS	Após a colheita
Inundação contínua a 5 cm	0.14b	0.26a	0.33a
Inundação contínua a 1 cm	0,17ab	0.22a	0.29a
Nas primeiras 3 semanas 5 cm e depois 1 cm de inundação	0,26ab	0.23a	0.30a
Nas primeiras 6 semanas 5 cm e depois 1 cm de inundação	0.28a	0.27a	0.30a
Nas primeiras 9 semanas 5 cm e depois 1 cm de inundação	0,21ab	0.25a	0.34a

As médias com a mesma letra não são significativamente diferentes na coluna a P<0,05 por DMRT

Tabela 4.7: Concentração de magnésio no solo

Tratamentos	Concentração de magnésio (%)		
	Após a preparação do terreno	51 DAS	Após a colheita
Inundação contínua a 5 cm	0.09a	0,08ab	0.075a
Inundação contínua a 1 cm	0.08a	0.07b	0.075a
Nas primeiras 3 semanas 5 cm e depois 1 cm de inundação	0.13a	0,073ab	0.068a
Nas primeiras 6 semanas 5 cm e depois 1 cm de inundação	0.14a	0.088a	0.075a
Nas primeiras 9 semanas 5 cm e depois 1 cm de inundação	0.11a	0.088a	0.073a

As médias com a mesma letra não são significativamente diferentes na coluna a P<0,05 por DMRT

Quadro 4.8: Concentração de zinco no solo

Tratamentos	Concentração de zinco (mg/kg)		
	Após a preparação do terreno	51 DAS	Após a colheita
Inundação contínua a 5 cm	2.9ab	3.1a	5.5a
Inundação contínua a 1 cm	3.2ab	3.3a	5.5a
Nas primeiras 3 semanas 5 cm e depois 1 cm de inundação	3.1ab	3.2a	5.0a
Nas primeiras 6 semanas 5 cm e depois 1 cm de inundação	2.8b	3.3a	5.3a
Nas primeiras 9 semanas 5 cm e depois 1 cm de inundação	3.3a	3.3a	5.8a

As médias com a mesma letra não são significativamente diferentes na coluna a $P<0,05$ por DMRT

Quadro 4.9: Concentração de ferro no solo

Tratamentos	Concentração de ferro (mg/kg)		
	Após a preparação do terreno	51 DAS	Após a colheita
Inundação contínua a 5 cm	102a	274a	271ab
Inundação contínua a 1 cm	114a	270a	267ab
Nas primeiras 3 semanas 5 cm e depois 1 cm de inundação	128a	279a	275a
Nas primeiras 6 semanas 5 cm e depois 1 cm de inundação	123a	284a	259ab
Nas primeiras 9 semanas 5 cm e depois 1 cm de inundação	98a	288a	245b

As médias com a mesma letra não são significativamente diferentes na coluna a P<0,05 por DMRT

Quadro 4.10: Concentração de cobre no solo

Tratamentos	Concentração de cobre (mg/kg)		
	Após a preparação do terreno	51 DAS	Após a colheita
Inundação contínua a 5 cm	1.65a	1.61a	1.72a
Inundação contínua a 1 cm	1.75a	1.68a	1,65ab
Nas primeiras 3 semanas 5 cm e depois 1 cm de inundação	1.56a	1.71a	1,53ab
Nas primeiras 6 semanas 5 cm e depois 1 cm de inundação	1.76a	1.65a	1,61ab
Nas primeiras 9 semanas 5 cm e depois 1 cm de inundação	1.72a	2.57a	1.36b

As médias com a mesma letra não são significativamente diferentes na coluna a P<0,05 por DMRT

Quadro 4.11: Concentração de manganês no solo

Tratamentos	Concentração de manganês (mg/kg)		
	Após a preparação do terreno	51 DAS	Após a colheita
Inundação contínua a 5 cm	29b	38a	25a
Inundação contínua a 1 cm	37ab	40a	28a
Nas primeiras 3 semanas 5 cm e depois 1 cm de inundação	38ab	38a	26a

Nas primeiras 6 semanas 5 cm e depois 1 cm de inundação	35ab	38a	27a
Nas primeiras 9 semanas 5 cm e depois 1 cm de inundação	40a	38a	27a

As médias com a mesma letra não são significativamente diferentes na coluna a P<0,05 por DMRT

Quadro 4.12: Concentração de azoto na palha de arroz

Tratamentos	Concentração de azoto (%)	
	51 DAS	Após a colheita
Inundação contínua a 5 cm	3.4a	2.4a
Inundação contínua a 1 cm	3.2a	2.1ab
Nas primeiras 3 semanas 5 cm e depois 1 cm de inundação	3.2a	2.4a
Nas primeiras 6 semanas 5 cm e depois 1 cm de inundação	3.6a	2.2ab
Nas primeiras 9 semanas 5 cm e depois 1 cm de inundação	3.2a	2.0b

As médias com a mesma letra não são significativamente diferentes na coluna a P<0,05 por DMRT

Quadro 4.13: Concentração de fósforo na palha de arroz

Tratamentos	Concentração de fósforo (%)	
	51 DAS	Após a colheita
Inundação contínua a 5 cm	0.85a	0.54a
Inundação contínua a 1 cm	0.74a	0.66a
Nas primeiras 3 semanas 5 cm e depois 1 cm de inundação	0.84a	0.63a
Nas primeiras 6 semanas 5 cm e depois 1 cm de inundação	0.86a	0.64a

Nas primeiras 9 semanas 5 cm e depois 1 cm de inundação	0.82a	0.58a

As médias com a mesma letra não são significativamente diferentes na coluna a P<0,05 por DMRT

Quadro 4.14: Concentração de potássio na palha de arroz

Tratamentos	Concentração de potássio (%)	
	51 DAS	Após a colheita
Inundação contínua a 5 cm	5.8a	4.9b
Inundação contínua a 1 cm	5.5a	6.3ab
Nas primeiras 3 semanas 5 cm e depois 1 cm de inundação	6.2a	5.1ab
Nas primeiras 6 semanas 5 cm e depois 1 cm de inundação	5.9a	6.8a
Nas primeiras 9 semanas 5 cm e depois 1 cm de inundação	5.9a	5.9ab

As médias com a mesma letra não são significativamente diferentes na coluna a P<0,05 por DMRT

Quadro 4.15: Concentração de cálcio na palha de arroz

Tratamentos	Concentração de cálcio (%)	
	51 DAS	Após a colheita
Inundação contínua a 5 cm	0.36a	0.75a
Inundação contínua a 1 cm	0.45a	0.49b
Nas primeiras 3 semanas 5 cm e depois 1 cm de inundação	0.38a	0,71ab
Nas primeiras 6 semanas 5 cm e depois 1 cm de inundação	0.35a	0,51ab

Nas primeiras 9 semanas 5 cm e depois 1 cm de inundação	0.38a	0,61ab

As médias com a mesma letra não são significativamente diferentes na coluna a P<0,05 por DMRT

Quadro 4.16: Concentração de magnésio na palha de arroz

Tratamentos	Concentração de magnésio (%)	
	51 DAS	Após a colheita
Inundação contínua a 5 cm	0.75a	0.85a
Inundação contínua a 1 cm	0.78a	0.96a
Nas primeiras 3 semanas 5 cm e depois 1 cm de inundação	0.84a	0.91a
Nas primeiras 6 semanas 5 cm e depois 1 cm de inundação	0.81a	0.85a
Nas primeiras 9 semanas 5 cm e depois 1 cm de inundação	0.84a	0.91a

As médias com a mesma letra não são significativamente diferentes na coluna a P<0,05 por DMRT

Quadro 4.17: Concentração de zinco na palha de arroz

Tratamentos	Concentração de zinco (mg/kg)	
	51 DAS	Após a colheita
Inundação contínua a 5 cm	360a	345a
Inundação contínua a 1 cm	341a	380a
Nas primeiras 3 semanas 5 cm e depois 1 cm de inundação	358a	377a
Nas primeiras 6 semanas 5 cm e depois 1 cm de inundação	348a	383a
Nas primeiras 9 semanas 5 cm e depois 1 cm de inundação	363a	350a

As médias com a mesma letra não são significativamente diferentes na coluna a P<0,05 por DMRT

Quadro 4.18: Concentração de ferro na palha de arroz

Tratamentos	Concentração de ferro (%)	
	51 DAS	Após a colheita

Inundação contínua a 5 cm	0.115a	0.125b
Inundação contínua a 1 cm	0.12a	0.123b
Nas primeiras 3 semanas 5 cm e depois 1 cm de inundação	0.113a	0,138ab
Nas primeiras 6 semanas 5 cm e depois 1 cm de inundação	0.11a	0.163a
Nas primeiras 9 semanas 5 cm e depois 1 cm de inundação	0.115a	0,143ab

As médias com a mesma letra não são significativamente diferentes na coluna a P<0,05 por DMRT

Quadro 4.19: Concentração de cobre na palha de arroz

Tratamentos	Concentração de cobre (mg/kg) 51 DASApós a colheita
Inundação contínua a 5 cm	72a75a
Inundação contínua a 1 cm	73a72a
Nas primeiras 3 semanas 5 cm e depois 1 cm de inundação	90a97a
Nas primeiras 6 semanas 5 cm e depois 1 cm de inundação	76a75a
Nas primeiras 9 semanas 5 cm e depois 1 cm de inundação	90a73a

As médias com a mesma letra não são significativamente diferentes na coluna a P<0,05 por DMRT

Quadro 4.20: Concentração de manganês na palha de arroz

Tratamentos	Concentração de manganês (mg/kg)	
	51 DAS	Após a colheita
Inundação contínua a 5 cm	755a	668a
Inundação contínua a 1 cm	640a	690a

Nas primeiras 3 semanas 5 cm e depois 1 cm de inundação	711a	740a
Nas primeiras 6 semanas 5 cm e depois 1 cm de inundação	757a	651a
Nas primeiras 9 semanas 5 cm e depois 1 cm de inundação	766a	673a

As médias com a mesma letra não são significativamente diferentes na coluna a P<0,05 por DMRT

Quadro 4.21: Concentração de nutrientes no grão de arroz

Tratamentos	Concentração de nutrientes no grão								
	N (%)	P (%)	K (%)	Ca (mg/kg)	Mg (%)	Zn (mg/kg)	Cu (mg/kg)	Fe (%)	Mn (mg/kg)
Contínuo 5 cm	2.02a	0.92a	0.78a	337a	0,38ab	287a	183a	0.08a	183a
Contínuo 1 cm	1,72a b	0.82a	0.62b	212a	0.34b	286a	168a	0.08a	168b
Nas primeiras 3 semanas 5 cm e depois 1 cm	2.15a	0.82a	0.64b	275a	0.37b	283a	172a	0.08a	172b
Primeiras 6 semanas 5 cm depois 1 cm	1,72a b	0.83a	0.69b	200a	0.45a	293a	175a	0.08a	175ab
Primeiras 9 semanas 5 cm depois 1 cm	1.55b	0.78a	0.62b	275a	0.36b	281a	166a	0.08a	166b

As médias com a mesma letra não são significativamente diferentes na coluna a P<0,05 por DMRT

Tabela 4.22: O efeito de diferentes níveis de água de inundação no valor do potencial redox (Eh)

Tratamentos	Valor do potencial redox (mV) na solução do solo em cada semana														
	1st	nd	3rd	4th	5th	6th	7th	8th	9th	10th	11th	12th	13th	14th	15th

Inundação contínua a 5 cm	11a	25a	-63b	-52ab	-77b	-63c	-23b	-88b	-104b	-123c	-108c	-115c	-107c	68b	295b
Inundação contínua a 1 cm	10a	18ab	38a	-27a	-17a	-4b	73a	43a	9a	17a	23a	16a	-18a	106a	321a
Nas primeiras 3 semanas 5 cm e depois 1 cm de inundação	-22a	1ab	-62b	-82bc	-43ab	42a	61a	40a	-3a	-6a	12a	11a	-26a	85ab	308ab
Nas primeiras 6 semanas 5 cm e depois 1 cm de inundação	-25a	-11b	-88b	-94c	-74b	-81c	-86b	30a	-3a	-5a	8a	5a	-16a	102a	303ab
Nas primeiras 9 semanas 5 cm e depois 1 cm de inundação	11a	2ab	-78b	-52bc	-49ab	-75c	-78b	-65b	-94b	-93b	-69b	-20b	-50b	88ab	309ab

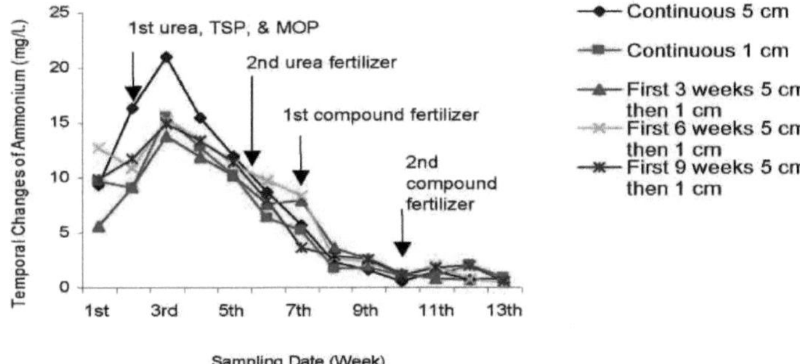

Figura 4 Concentração de NH_4^+ na solução do solo em diferentes níveis de inundação

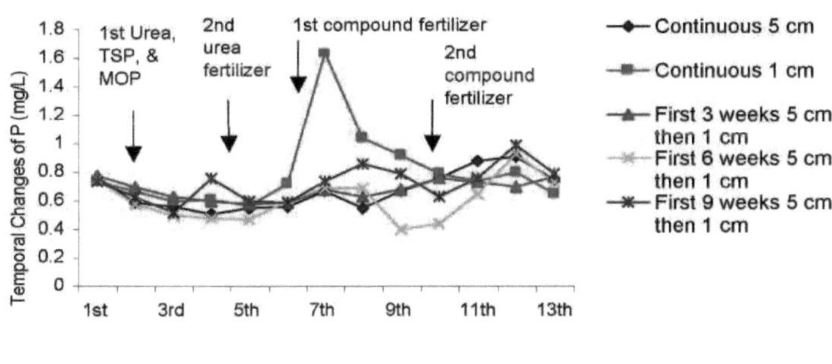

Figura 5 Concentração de fósforo na solução do solo em diferentes níveis de inundação

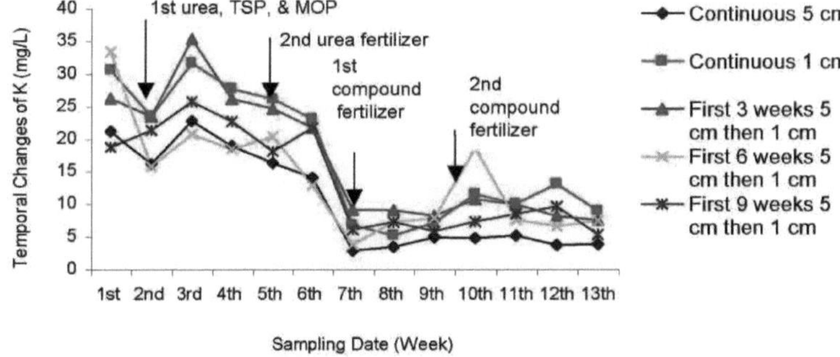

Figura 6 Concentração de potássio na solução do solo em diferentes níveis de inundação

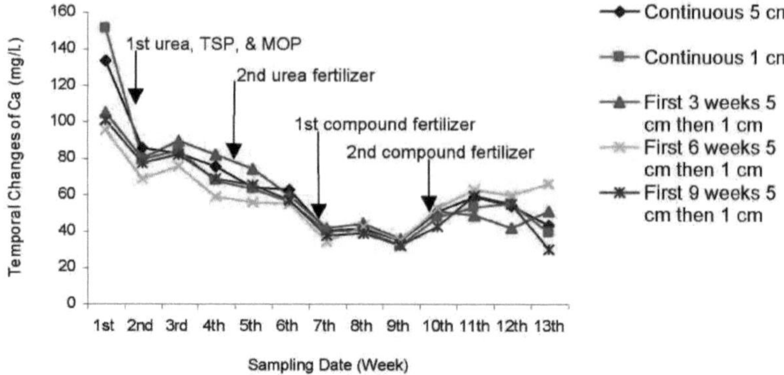

Figura 7 Concentração de cálcio na solução do solo em diferentes níveis de inundação

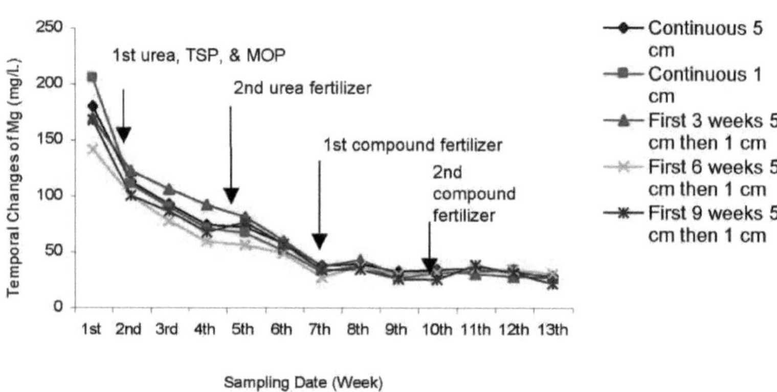

Figura 8 Concentração de magnésio na solução do solo em diferentes níveis de inundação

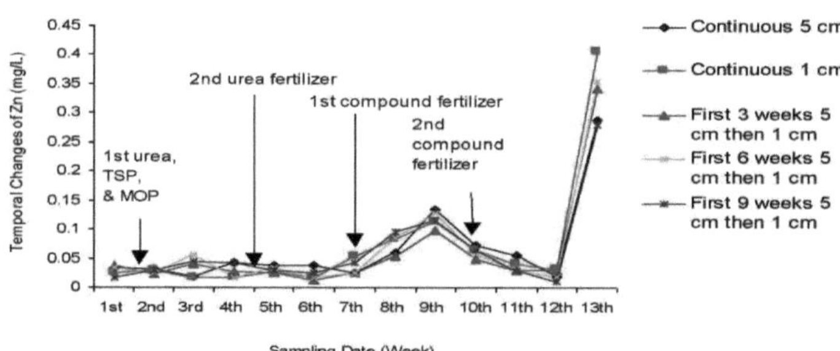

Figura 9 Concentração de zinco na solução do solo em diferentes níveis de inundação

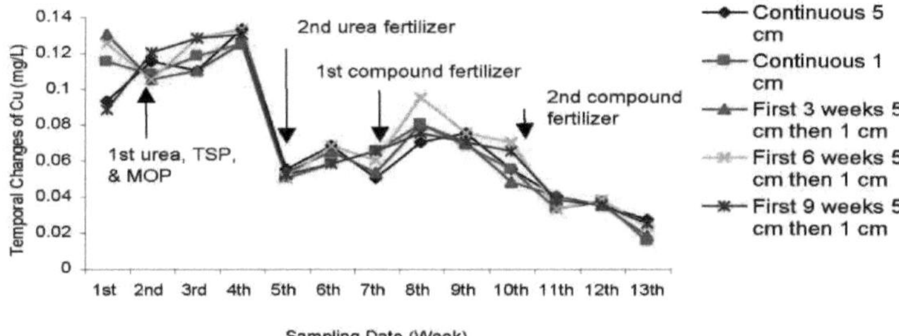

Figura 10 Concentração de cobre na solução do solo em diferentes níveis de inundação

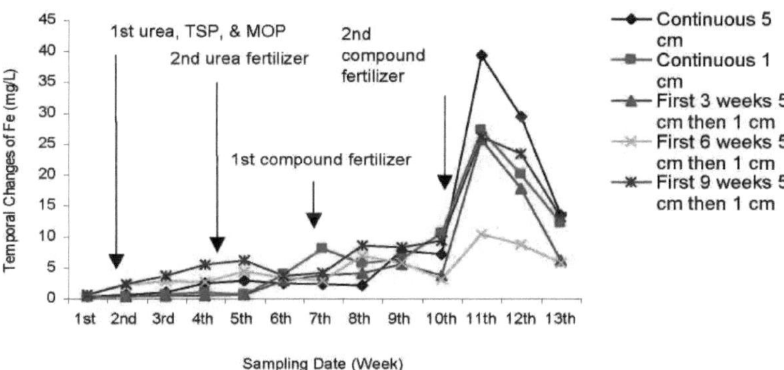

Figura 11 Concentração de ferro ferroso na solução do solo em diferentes níveis de inundação

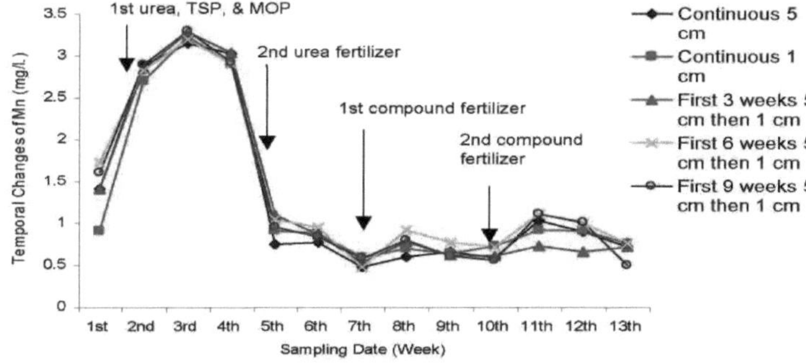

Figura 12 Concentração de manganês na solução do solo em diferentes níveis de inundação

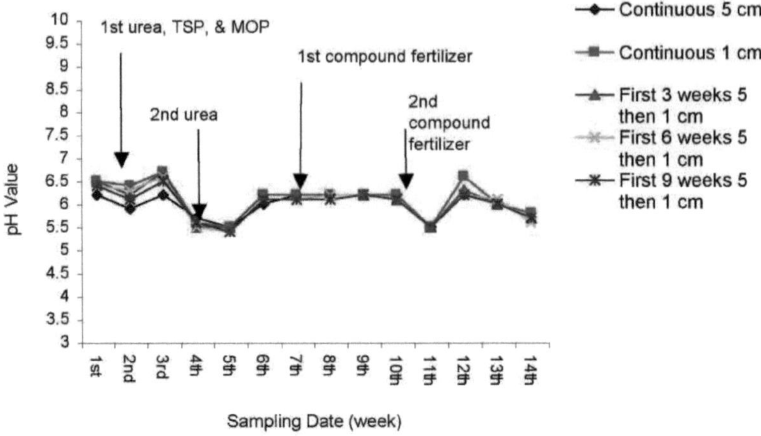

Figura 13 Efeito de diferentes regimes de inundação no pH do solo

RESUMO E CONCLUSÕES

A água na produção de arroz irrigado tem sido um dado adquirido durante séculos, mas a "crise hídrica iminente" pode mudar a forma como o arroz é produzido no futuro. As tecnologias de irrigação economizadoras de água que foram investigadas no início dos anos 70, tais como diferentes níveis de inundação e humedecimento e secagem alternados, estão a receber uma atenção renovada dos investigadores. Estas tecnologias reduzem o consumo de água na produção de arroz. O estudo atual tentou, portanto, produzir mais arroz com diferentes níveis de água. Os diferentes níveis de inundação não afectaram o número de perfilhos, o número de panículas, o rendimento de grãos (t/ha), o rendimento de palha (t/ha), os grãos por panícula e o peso de 1000 sementes (g). O número de perfilhos e o número de panículas estavam na faixa de 6745000 a 6956000, e 6367000 a 6651000 por ha, respetivamente. Os grãos não preenchidos e preenchidos por panícula estavam na faixa de 19 a 26 e 89 a 101, respetivamente. O rendimento de grãos secos e cheios estava na faixa de 11,72 a 12,39 t/ha. O peso de 1000 sementes foi de 27,2 a 27,8 g. Os resultados deste estudo mostraram que não houve efeito de diferentes níveis de inundação no rendimento e nos componentes do rendimento.

Em geral, não houve efeito significativo dos diferentes regimes de inundação na concentração de nutrientes na solução do solo com o tempo, exceto em algumas datas de amostragem. Houve um aumento nas concentrações de N, Zn, Cu, Fe e Mn na solução do solo durante as primeiras semanas de inundação, depois os valores permaneceram relativamente estáveis até à colheita, enquanto a concentração de P permaneceu constante durante todo o período de crescimento em todos os tratamentos. A concentração de K, Ca e Mg diminuiu com o tempo em todos os tratamentos. Portanto, os diferentes níveis de água não têm efeito significativo na concentração de nutrientes na solução do solo com o tempo. Assim, pode concluir-se que a redução da inundação de 5 cm para 1 cm na produção de arroz irrigado não tem efeitos negativos na concentração de nutrientes.

O valor redox foi mais negativo e significativamente mais baixo no tratamento que estava sob 5 cm de água de inundação do que nos tratamentos que estavam sob 1 cm de água de inundação. O valor redox global não foi inferior a -145 mV a 4 cm de profundidade do solo. Os resultados mostraram que os solos com 5 cm de água de inundação foram mais reduzidos do que os solos com 1 cm de inundação. Esta condição mantém-se até a água ser drenada na fase de maturação. O valor redox está fortemente relacionado com a profundidade e a duração da água parada. Este estudo revelou que o valor redox era diferente sob diferentes profundidades e duração da água. Por conseguinte, recomenda-se a utilização de águas de baixa inundação para o cultivo do arroz, a fim de reduzir ou evitar a emissão de metano dos campos de arroz, bem como para manter o ambiente amigo do ambiente. Os diferentes níveis de inundação não mostraram um efeito significativo no pH do solo ao longo do tempo, e o pH do solo foi considerado moderadamente ácido a quase neutro (5,4 a 6,6). A maioria dos nutrientes essenciais para as plantas está disponível para absorção nesta gama de pH.

Em conclusão, este estudo mostra claramente que é altamente possível produzir arroz com um baixo consumo de água, capaz de poupar entre 25-30% de água. O estudo também demonstrou que, para além da poupança de água, o rendimento não é afetado e é insignificante em termos de disponibilidade de nutrientes no solo. O potencial redox foi mais negativo em condições de grande inundação e menos negativo quando o nível de água era mais baixo, resultando assim numa situação mais amiga do ambiente, uma vez que a emissão de metano é reduzida quando se utiliza menos água. No entanto, este estudo pode não refletir totalmente uma condição de campo, uma vez que foi utilizado um sistema de gestão controlado. Por conseguinte, sugere-se a realização de um estudo mais aprofundado em condições naturais de campo, a fim de validar os efeitos do baixo nível de água na produção de arroz. As interações entre nutrientes, as taxas de nitrificação e de desnitrificação devem ser incluídas em investigações futuras em condições de baixo consumo de água para a produção de arroz.

REFERÊNCIAS

AFSIS, 2002. Os dados da Malásia. Informação sobre segurança alimentar. http://afsis.oae.go.th/sources/index.asp?country=malaysia. Acedido em 21 de maio de 2004.
Anbumozhi, V., E. Yamaji e T. Tabuchi. 1998. Crescimento e rendimento da cultura do arroz influenciados por alterações na profundidade da água de rega, no regime hídrico e no nível de fertirrigação. *Agricultural Water Management* 37: 241-253.
Arnon, D. I. e C. M. Jahnson. 1942. Influência da concentração de iões de hidrogénio no crescimento de plantas superiores em condições controladas. *Plant Physio.* 17:525-539.
Balasubramanian, R. e J. Krishnarajan. 2000. Influência dos regimes de irrigação no crescimento, utilização da água e eficiência da utilização da água no arroz de sementeira direta. *Research on Crops* 1(1): 1-4.
Belder, P., B. A. M. Bouman, J. H. J. Spiertz, L. Guoan e E. J. P. Quilang. 2002. Water use of alternately submerged and nonsubmergedirrigated lowland rice.
Actas de um seminário temático sobre a produção de arroz com aproveitamento da água, 8-11 de abril de 2002, na sede do IRRI em Los Baños, Filipinas.
Bertoni J.C., F. S. R. Holanda, J. G. Carvalho e M. B. Paula. 1999. Efeito do cobre na nutrição do arroz inundado: teores e acúmulo de nutrientes. *Ciência e Agrotecnologia.* 23(3): 547-559.
Beyrouty, C. A, R. J. Norman, B. R. Wells, E. E. Gbur, B. C. Grigg e Y. H. Teo. 1992. Gestão da água e efeitos de localização no crescimento de raízes e rebentos de arroz de planície irrigado. *J. Plant Nutr.* 15:737-752.
Bhuiyan, S. I. 1992. Gestão da água em relação à produção vegetal: estudo de caso sobre o arroz. *Outlook Agric.* 21(4):293-299.
Bhuiyan, S. I. e T. P. Tuong. 1995. Water use in rice production: issues, research opportunities and policy implications (Utilização da água na produção de arroz: questões, oportunidades de investigação e implicações políticas). *Procedimentos do Workshop Inter-Centros de Gestão da Água,* IWMI, Colombo, Sri Lanka. 29-30 de setembro de 1995.
Bhuiyan, S. I., M. A. Sattar e M. A. K. Khan. 1995. Melhoria da eficiência do uso da água na irrigação do arroz através da sementeira húmida. *Irrig. Sci.* 16(1):1-8.
Borrell, A., A. Garside e S. Fukai. 1997. Melhoria da eficiência do uso da água para o arroz irrigado num ambiente tropical semi-árido. *Field Crop Res.* 52(3):231-248.
Bouldin, D. R. e E. C. Sample. 1958. The effect of associated salts on the availability of concentrated superphosphates. *Soil Sci. Soc. Am. Proc.* 22: 124-129.
Bouldin, D. R. e E. C. Sample. 1959. Estudos de laboratório e de estufa com fosfatos monocálcico, monoamónico e diamónico. *Soil Sci. Soc. Am. Proc.* 23: 338-342.
Bouman, B. A. M. e T. P. Tuong. 2001. Gestão da água no campo para poupar água e aumentar a sua produtividade no arroz irrigado. *Agric. Water Manage.* 49(1):11-30.
Bray, R. H. e L. T. Kurtz. 1945. Determinação das formas total, orgânica e disponível de fósforo nos solos. *Soil Sci.* 59 (1-6): 39-45.
Bremner, J. K. e C. S. Mulvancy. 1982. Nitrogénio-total. In: Page, A. L., R. H. Miller e D. R. Keeney (eds). *Methods of soil analysis,* Part 2, 2nd Ed., *American Soc. of Agron.*, Inc. and *Soil Sci. Soc. of America, Inc.*, Madison, Wisconsin, USA pp 595624.
Cantrell R. P. e G. P. Hettel. 2002. Technologies for competitive rice production: A walk through rice research's "Field of dreams". *Em:* Radziah, O., Sijam, K. Sadd, M.S. (eds) *Technologies for competitive food production.* Faculdade de Agricultura, Universiti Putra Malaysia pp 1-12.
Castillo, E. G., R. J. Buresh e K. T. Ingram. 1992. Rendimento do arroz de terras baixas afetado pelo momento do défice hídrico e da fertilização com azoto. *Agron. J.* 84: 152-159.
Castro, R. U. e R. S. Lantin.1976. Influência do manejo da água no suprimento de N de solos cultivados com arroz. *Philipp. J Crop Sci.* 1(1):58-59.
Chang, S. C. 1971. *Química do solo de arroz.* ASPAC Food Fert. Technol. Cent. Ext. Bull pp 7-26.
Chiang, C. T. 1963. Um estudo da disponibilidade e formas de fósforo em solos de arroz. A inter-relação entre o fósforo disponível e o pH do solo. *Soil Fert. Taiwan* p 61.
Cho, D. S. e F. N. Ponnamperuma. 1971. Influência da temperatura do solo na cinética química de solos inundados e no crescimento do arroz. *Soil Sci.* 112 (3): 184-194.
Choudhry, M. S. e B. D. McLean. 1963. Comparative effect of flooded and unflooded

conditions and nitrogen application on growth and nutrient uptake by rice plants. *Agron. J.* 55:565-567.
Connell, W. E. e W. H. Patrick. 1969. Redução de sulfato a sulfeto em solo encharcado. *Soil Soc Am Proc.* 33: (5)7-11.
Counce, P. A, T. J. Siebenmorgen, E. D. Vories e D. J. Pitts. 1990. Efeitos da época de drenagem e da colheita no rendimento e na qualidade dos grãos de arroz. *J. Prod. Agric.* 3:436-445.
De Datta, S. K. 1981. "*Principles and Practices of Rice Production" [Princípios e Práticas da Produção de Arroz*]. Nova Iorque: John Willey and Sons Inc., Nova Iorque, EUA. Nova Iorque, EUA, pp. 1-592.
De Datta, S. K. e A. Williams. 1968. Práticas culturais do arroz: Efeitos das práticas de gestão da água nas caraterísticas de crescimento e rendimento de grãos do arroz. In: Actas e documentos, quarto seminário sobre estudos económicos e sociais. IRRI, Los Banos, Filipinas, pp. 78-93.
DeLaune, R. D., S. R. Pezeshiki e J. H. Pardue. 1990. Um tampão de oxidação-redução para avaliar a resposta fisiológica das plantas ao stress de oxigénio nas raízes. *Environm. Exp. Bot.* 30(2): 243-247.
Dingkuhn, M. e P. Le Gal. 1996. Efeito da data de drenagem sobre a produtividade e o empoçamento de matéria seca no arroz irrigado. *Field Crop Res.* 46:117-126.
Forno, D. A., C. J. Asher e S. Yoshida. 1975. Deficiência de zinco no arroz.II. Estudos sobre duas variedades que diferem em suscetibilidade à deficiência de zinco. *Plant Soil.* 42:551-563.
Fujii, H. e M. C. Cho. 1996. Gestão da água em sementeira direta. *In:* Morooka, Y., S. Jegatheesan e K. Yasunobu (eds). Recent advance in Malaysian rice production: direct seeding culture in the Muda area. Mada e JICAS pp.113-129.
Gambrell, R. P. e W. H. Patrick, Jr. 1978. Propriedades químicas e microbiológicas de solos e sedimentos anaeróbios. *Em* D. D. Hook e R. M. M. Crawfrod (des.), Plant Life in Aerobic Environments. *Ann Arbor Sci. Publ.*, Ann Arbor, MI, pp 375-423.
Gani, A., A. Rahman, D. Rustam e H. Hengsdijk. 2002. Sinopse das experiências de gestão da água na Indonésia. Actas de um workshop temático sobre a produção de arroz com aproveitamento da água, 8-11 de abril de 2002, na sede do IRRI em Los Baños, Filipinas.
Ghazalli, M. A. e T. P. Boon. 1996. Otimização da água de irrigação. *Actas da gestão sustentável dos recursos hídricos: do conceito à ação.* Allson Klana Resort, Seremban, Malásia. 25-26 de março.
Gleick P. H. 1993. *Water in crisis*: a guide to the world's fresh water resources. Nova Iorque, N.Y. (EUA): Oxford University Press.
Greenway, H. e B. Klepper. 1969. Relação entre o transporte de aniões e o fluxo de água em plantas de tomate. *Physiol. Planta* 22:208-219.
Grigg, B. C., C. A. Beyrouty, R. J. Norman, E. E. Gbur, M. G. Hanson e B.R. Wells. 2000. Rice responses to changes in floodwater and N timing in southern USA. *Field Crop Res.* 66:73-79.
Guerra, L.C., S. I. Bhuiyan, T. P. Tuong e R. Barker. *1998. Produzir mais arroz com menos água em sistemas de regadio.* Documento SWIM 5. IWMI/IRRI, Colombo, Sri Lanka, p. 24.
Ho N. K., C. M. Chang, M. Murat e M. Z. Ismail. 1993. Experiências da MADA em sementeira direta. Documento apresentado no Workshop sobre Água e Sementeira Direta para o Arroz, 14-16 de junho de 1993, MADA Alor Setar, Malásia.
Hou A. X., G. X. Chen, Z. P. Wang, O. Van Cleemput e W.H. Jr. Patrick . 2000. Methane and nitrous oxide emissions from rice field in relation to soil redox and microbiological processes. *Soil Sci. Soc. Am. J.* 64:2180-2186.
Hsiao, T. C. 1973. Resposta das plantas ao stress hídrico. *Ann Rev. Plant. Physiol.* 24: 519-570.
Huang, S. N., C. W. Lin, e R. M. Lion. 2000. Efeito da inundação contínua e da irrigação intermitente na emissão de metano de solos de arroz em Taiwan. *Soil and Environ.* 3:217-226.
Instituto Internacional de Investigação do Arroz. 1964. *Relatório Anual para 1962.* IRRI, Los Banos, Filipinas.
Instituto Internacional de Investigação do Arroz. 1970. *Relatório Anual para 1969.* Los Banos, Filipinas.
Instituto Internacional de Investigação do Arroz. 1971. *Relatório Anual para 1970.* IRRI, Los Banos, Filipinas.
Instituto Internacional de Investigação do Arroz. *1989. Annual Report for 1989*, Los Banos,

Filipinas.
Instituto Internacional de Investigação do Arroz. 1997. Almanaque do Arroz, 2ª Edição. IRRI, Los Banos, Filipinas.
Instituto Internacional de Investigação do Arroz. 2002. *Relatório anual de 2001*. Los Baños, Filipinas.
Ishizuka, Y. 1965. Absorção de nutrientes em diferentes estágios de crescimento. Pages 199-217 *in* The International Rice Research Institute. *The mineral nutrition of the rice plant.* Procedimentos de um simpósio no Instituto Internacional de Investigação do Arroz, fevereiro de 1964. The Johns Hopkins Press, Baltimore, Maryland.
Ishizuka, Y. e A. Tanaka. 1953. Estudos bioquímicos sobre a história de vida das plantas de arroz. *J. Sci. Soil and Manure.* 23(2): 113-116.
Islam, A. e W. Islam. 1973. Química dos solos submersos e crescimento e rendimento do arroz. *Plant Soil* 39:555-565.
Jackson, W. T. 1955. Papel das raízes adventícias na recuperação de rebentos após a inundação do sistema radicular original. *Am. J. Bot.* 42:819-819.
Jones, U. S., J. C. Katyal, C. P. Mamaril e C. S. Park. 1982. Deficiências de nutrientes do arroz de terras húmidas para além do azoto. Em *Rice Research Strategies for the Future.* Instituto Internacional de Investigação do Arroz. Los Banos, Filipinas pp. 327-378.
Kandiah, A., T. Ton That e A. J. Carpenter. 1990. Area change and system choice for rice irrigation in Asia 1990-2000. *Int. Rice Comm. News.* 39:23-35.
Katyal, J. C. e F. N. Ponnamperuma. 1975. Deficiência de zinco: um distúrbio nutricional generalizado do arroz em Agusan del Norte. *Philipp. Agrilc. J.* 58 (3 e 4):79-89.
Keizrul, A. e M. Azuhan. 1998. An Overview of Water Resources Utilization and Management in Malaysia (Uma visão geral da utilização e gestão dos recursos hídricos na Malásia). Seminário sobre "Comunidades Locais e o Ambiente II". Sociedade de Proteção do Ambiente da Malásia, Petaling Jaya, 24-25 de outubro de 1998.
Kim, J. D., A. Jugsujinda, A. A. Carbonell-Barrachina, R. D. DeLaune e W. H. Patrick, Jr. 1999. Funções fisiológicas e trocas de metano e oxigénio em cultivares de arroz coreanas cultivadas sob controlo redox do solo. *Bot. Bull. Acad. Sin.* 40: 185-191.
Kuo, S., e D.S. Mikkelsen. 1979. Distribuição de ferro e fósforo em perfis de solo inundados e não inundados e sua relação com a adsorção de fósforo. *Soil Sci.* 127:1825.
Kyuma, K. e K. Kawaguchi. 1966. Caraterísticas dos solos inundados. *Southeast Asian Stud.* 4:290-312.
Li, Y. H. (editor-chefe). 1999. *Teoria e Técnicas de Irrigação com Poupança de Água.* Wuhan Uni. of Hydraul. Electric Eng. Press, Wuhan, China. p 310.
Lilley, J. M. e Fukai, S. 1994. Efeitos do momento e da severidade do défice hídrico em quatro cultivares de arroz diferentes. ill. Desenvolvimento fonológico, crescimento da cultura e rendimento de grãos. *Field Crop Res.* 37(3):225-234.
Luxmoore, R. J. e Stolzy, L. H. 1969. Porosidade da raiz e respostas de crescimento do arroz e do milho ao fornecimento de oxigénio. *Agron. J.* 61:202-204.
Maclean, J. L., D. C. Dawe, B. Hardy e G. P. Hettel. 2002. Rice Almanac, third ed. IRRI, Los Baños, Philippines p. 253.
Mad Nasir, S. 2002. Specific food system outlook 2001-2002-Malaysia. Conselho de Cooperação Económica do Pacífico. http://www.pecc.org/food acedido em 20 de janeiro de 2004.
Mandal, L. N. e M. Haldar. 1990. Influência da aplicação de P e Zn na disponibilidade de Zn, Cu, Fe, Mn e P em solo de arroz alagado. *Soil Sci.* 130: 251-257.
MARDI. 2000. Variedade Padi MR219. Pusat penyelidikan tanaman makanan dan industri MARDI. 50779, Kuala Lumpur.
Masschyeleyn, P. H., R. D. Delune e W. H. Patrick, Jr. 1993. Emissões de metano e óxido nitroso a partir de medições laboratoriais da suspensão do solo de arroz: Effect of soil oxidation-reduction status. Chemophere 26(1-4): 251-260.
McCauley, G. N. 1990. Aspersão vs. irrigação por inundação em regiões tradicionais de produção de arroz no sudeste do Texas. *Agron. J.* 82:677-683.
McCauley, G. N. e F. T. Turner. 1979. Produção de arroz e eficiência do uso da água em relação ao período de inundação. *In*: Resumos de Agronomia. ASA. Madison, WI, p. 105.
McHugh, O. V., T. S. Steenhuis, J. Barison, E. C. M. Fernandes e N. T. Uphoff. 2002.

Implementação pelos agricultores de práticas alternativas de irrigação húmida-seca e não inundada no Sistema de Intensificação do Arroz (SRI). Actas de um seminário temático sobre a produção de arroz com bom aproveitamento da água, 8-11 de abril de 2002 na sede do IRRI em Los Baños, Filipinas.
Michael, L. M. 1980. A Training Manual and Field Guide to Small-Farm Irrigated Rice Production. Corpo da Paz. The Center for Field Assistance and Applied Research Information Collection and Exchange. 1111 20th Street NW. Washington, DC 20526.
Mikkelsen, D. S. e S. Kuo. 1977. *Fertilização com zinco e comportamento em solos inundados.* Commonwealth Bureau of Soils. *Commonwealth Agriculture Bureau Spec. Pub.* pp 5. 59 .
Mitsch, W.J., e J.G. Gosselink. 2000. Wetlands. 3ª ed., John Wiley & Sons, Nova Iorque. John Wiley & Sons, Nova Iorque.
Moore, D. P. 1972. Mechanism of Micronutrient Uptake by Plants. Páginas 171-198 *em* J.J. Mortvedt, P.M. Giordono, e W.L. Lindsay, ed., Micronutrients in Agriculture. Micronutrients in Agriculture. Soil Sci. Soc. Am., Madison, Wisconsin, EUA.
Motomura, S.1962. Alterações do pH do solo em solo anaeróbio. *Soil Sci. Plant Nutr.* (Tóquio) 7:5460.
Nene, Y. L. 1966. Sintomas, causa e controlo da doença de Khaira do arroz. Bull. Ind. Phytopathol. Soc. No. 3:97-101.
Neue, H. E. e C. P. Mamaril. 1985. Zinco, enxofre e outros micronutrientes nos solos. Em *Wetland Soils: Characterization, Classification and Utilization.* Instituto Internacional de Investigação do Arroz. Los Banos, Filipinas pp. 307-319.
Neue, H. U. e P. A. Roger. 2000. Agricultura do arroz: factores que controlam as emissões. Em M. A. K. Khalil e M. Shearer, eds. Global Atmospheric Methane. Springer-Veriag, Nova Iorque.
Nicol, W. E. R. C. Bower. 1957. Alterações do pH do solo em solos ácidos. *Can. J. Soil. Sci.* 37:23-25.
Norman, R. J., R. S. Helms e B. R. Wells. 1992. Effects of delayed flood and nitrogen fertilization on dry seeded rice. *Fert. Res.* 32:55-59.
Norwell, W. A. e W. L. Lindsay. 1969. Reação de complexos de EDTA de Fe, Zn, Mn, e Cu com solos. *Soil Sci. Soc. Am. Proc.* 33:86-91.
Parfitt, R.L. 1989. Reações de fosfato com alofano natural, ferrihidrita e goethita. *J. Soil Sci.* 40:359-369.
Patrick , W. H. e C. N. Reddy. 1978. Alterações químicas em solos de arroz. Em *Soils and Rice.* Instituto Internacional de Investigação do Arroz, Los Banos, Filipinas, pp. 361-379.
Patrick, W. H., Jr. e I. C. Mahaparta. 1968. Transformação e disponibilidade para o arroz de nitrogénio e fósforo em solos encharcados. *Adv. Agron.* 20: 323-359.
Patrick, W. H., Jr. e K. R. Ready. 1977. Reacções do azoto do fertilizante em solos inundados. Páginas 275-281 *em* Society of the Science Soil and Manure, Japão. *Actas do seminário internacional sobre o ambiente do solo e a gestão de fertilizantes na agricultura intensiva (SEFMIA).* Tokyo-Japão.
Ponnamperuma, F. N. 1976. *Caraterísticas químicas específicas do solo para a produção de arroz na Ásia.* IRRI Res. Pap. Ser. 2. pp 18.
Ponnamperuma, F. N. 1978. Alterações electroquímicas em solos submersos e o crescimento do arroz. Em *Soils and Rice.* Instituto Internacional de Investigação do Arroz. Los Banos, Filipinas, pp.421-441.
Ponnamperuma, F. N., E. M. Tianco e T. A. Loy. 1966. Equilíbrio redox em solos inundados. I. O sistema de hidróxido de ferro. *Soil Sci.* 106: 374-382.
Ponnamperuma, F. N., R. T. Cayton e R. S. Lantin. 1981. Ácido clorídrico diluído como extrator de zinco, cobre e boro disponíveis em solos de arroz. *Plant and Soil.* 61: 297310.
Ponnamperuma, F.N. 1965. Aspectos dinâmicos dos solos inundados e a nutrição da planta de arroz. Em *The Mineral Nutrition of the Rice Plant.* The Johns Hopkins Press, Baltimore, Maryland, USA pp. 295-328.
Ponnamporuma, F. N. 1972. A química dos solos submersos. *Adv Agron* 24:29-96.
Ponnamporuma F. N. 1977. Comportamento de elementos menores em solos de arroz. IRRI research paper series-8. Los Banos, Filipinas p.7.
Prasertsak, A. e S. Fukai. 1997. Interação entre a disponibilidade de azoto e o stress hídrico no crescimento e rendimento do arroz. *Field Crop Res.* 52: 65-82.

Qinghua S., X. Zeng, M. Li, X. Tan e. F. Xi. 2002. Efeitos de diferentes práticas de gestão da água no crescimento do arroz. Actas de um workshop temático sobre a produção de arroz com aproveitamento da água, 8-11 de abril de 2002 na sede do IRRI em Los Baños, Filipinas.
Rashid, A., M. A. Kausar, F. Hussain e M. Tahir. 2000. Gestão da deficiência de zinco em arroz inundado transplantado através do enriquecimento do viveiro. *Tropical Agriculture*. 77(3): 156162.
Reddy, C. N. e W. H. Patrick. 1977. Efeito do potencial redox na estabilidade de Zn e Cu chelete em solos inundados. *Soil Sci. Soc. Am. J.* 41(4):729-732.
Sah, R.N., e D.S. Mikkelsen. 1986. Sorção e biodisponibilidade de fósforo durante o período de drenagem de solos drenados por inundação. *Plant Soil* 92:265-278.
Sah, R.N., D.S. Mikkelsen, e A.A. Hafez. 1989. Comportamento do fósforo em solos drenados por inundação: III. Descrição e disponibilidade do fósforo. *Soil Sci. Soc. Am. J.* 53:17291732.
Santos, A. B., N. K. Fageria, L. F. Stone, C. Santos e A. B. Santos. 1999. Manejo da água e da adubação potássica em arroz irrigado. *Pesquisa Agropecuária Brasileira.* 34(4): 565-573.
Sariam, O. 2004. Crescimento do arroz não inundado e sua resposta à fertilização com azoto. *Tese de doutoramento.* Departamento de Gestão de Terras, Faculdade de Agricultura, Universiti Putra Malaysia. Malásia.
Sariam, O., Y. M. Khanif e T. Zaharah. 2002. Crescimento do arroz e consumo de azoto influenciados pela gestão da água. *In:* Aplicação de ferramentas modernas na agricultura. Proc. da Soils Sc. Conf. da Malásia. MSSS. 23-24 de abril de 2002, ed. Hawa, *et al.,* pp 157-158.
SAS Institute. 1996. Software proprietário do SAS. Versão 6.12. SAS Inst., Cary, NC.
Satyanarayana, T. e Ghildyal, B. P. 1970. Influência dos regimes hídricos no crescimento e na absorção de nutrientes pelo arroz (*Oryza sativa*). *Indian Soc. Soil Sci. J.* 18:51-55.
Schlesinger, W.H. 1997. Biogeoquímica: Uma análise das alterações globais. 2a ed. Academic Press, Nova Iorque.
Schollenberger, C. J. e Simon, R. H. 1945. Determinação da capacidade de troca e das bases permutáveis no solo - método do acetato de amónio. *Soil Sci.* 39(1-6): 13-23.
Schwertmann, U., e R.M. Taylor. 1989. Óxidos de ferro. p. 379-438. *Em* J.B. Dixon e S.B. Weed (ed.) Minerals in soil environments. SSSA Book Ser. 1. SSSA, Madison, WI.
Sharma, P. K. 1989. Effect of periodic moisture stress on water use efficiency in wetland rice. *Oryza.* 26 (3):252-257.
Singh, C. B., T. S. Aujla, B. S. Sandhu e K. L. Khera. 1996. Effect of transplanting date and irrigation regime on growth, yield and water use in rice (*Oryza sativa*) in northern India. *Indian J. Agric. Sci.* 66(3):137-141.
Equipa do Levantamento de Solos .1999. Soil Taxonomy: a basic system of soil classification for making and interpreting soil surveys. 2nd edition. Agricultural Handbook No. 436. Departamento de Agricultura dos EUA, Serviço de Conservação do Solo, Washington DC.
Srivastava, V. C., R. N. Prasad e A. K. Sinha. 1989. Estudos de gestão da água em arroz transplantado. *Jornal de Investigação,* Universidade Agrícola de Birsa 1(2): 131-134.
Su, N. R. 1976. Potassiumof rice. Páginas 117-148 *em* ASPAC Food and Fertilizer Technology Centre. *The fertility of paddy soils and fertilizer application for rice.* Taiwan, Taiwan.
Tabbal, D. F., R. M. Lampayan e S. I. Bhuiyan. 1992. Técnica de irrigação com eficiência hídrica para o arroz. In: Murty, V.V.N. e K. Koga (eds.) Soil and water engineering for paddy field management. Proc. do Workshop Int. Workshop on Soil and Water Engineering for Paddy Field Management, 28-30 Jan, Instituto Asiático de Tecnologia, Banguecoque, Tailândia. P 146-159.
Tailer, K. G. 1958. A geoquímica do basáltico da planta do arroz na Ásia. *Int. Rice Res. Inst. Tech.* Bull. p. 10.
Tanaka, A. e S. Yoshida. 1970. Distúrbios nutricionais da decomposição de substâncias orgânicas em solos inundados. *Soil Sci. Plant Nutr.* 13: 94-100.
Tanaka, I., K. Nojima e U. Yoshimasa. 1963. Influência da drenagem no crescimento da planta de arroz num campo de arroz. ll. Relação entre os métodos de irrigação e o crescimento e rendimento do arroz em vários níveis de fertilização com azoto e densidade de sementeira. *Proc. Crop Sci. Soc. Jpn.* 32:89-93.
Tanaka, I., K. Nojima e U. Yoshimasa. 1964. Influência da drenagem no crescimento da planta de arroz num campo de arroz. 3. A influência da gestão da irrigação na absorção de nutrientes, no rendimento da planta de arroz e no teor de azoto mineral no solo. *Proc Crop Sci. Soc. Jpn.*

33:335-343.
Tanguilig, V. C., E. B. Yambao, J. C. O'Toole e S.K. De Datta. 1987. Water stress effects on leaf elongation, leaf water potential and nutrient uptake of rice, maize and soybean. *Plant and Soil*, 103: 155-168.
Sistemas Técnicos Industriais. 1977. *Determinação individual/simultânea de N/or P em digestão BD.* Tarrytown, Nova Iorque, EUA. Método industrial n.º. 334-74 W/B^{+} . Technicon Industrial Systems.
Thiyagarajan, T. M., V. Velu, S. Ramasamy e P.S. Bindraban. 2002. Effects of SRI practices on hybrid rice performance in Tamil Nadu, India. Actas de um workshop temático sobre a produção de arroz com aproveitamento da água, 8-11 de abril de 2002 na sede do IRRI em Los Baños, Filipinas.
Thomas, R.L., R.W. Sheard e J.R. Moyer. 1976. Comparação de procedimentos convencionais e automatizados para a análise de azoto, fósforo e potássio de materiais vegetais utilizando um único digestor. *Agron. J.* 59:240-243.
Trierweiler, J. F. e W. L. Lindsay. 1969. Teste de solo para zinco com carbonato de amónio e EDTA. Proc. Soil Sci. Sco. Am. 33:49-53.
Truog, E., R. J. Goates, C. G. gerloff e K. C. Berger. 1947. Relação entre magnésio e fósforo em nutrientes de plantas. *Soil. Sci.* 63:19-25.
Tuong, T. P. e S. I. Bhuiyan. 1994. *Innovations towards improving after-use of rice.* documento apresentado no seminário mundial sobre recursos hídricos, 13-185 de dezembro de 1994, Lansdowne Conference Report, Virgínia, EUA.
Viets, F. 1972. Défice hídrico e disponibilidade de nutrientes. In: *Water deficits and Plant Growth.* Ed. T.T. Kozlowski. Imprensa Académica de Nova Iorque. Vol 3, p.217-239.
Von Uexkul, H. R. 1985. Disponibilidade e gestão do potássio em solos húmidos de arroz. Em *Wetland Soils. Characterization, Classification and Utilization.* Instituto Internacional de Investigação do Arroz. Los Banos, Filipinas. pp. 293-305.
Wassmann R, R. S. Lantin e H. U. Neue. 2000. Methane emissions from major rice ecosystems in Asia (Emissões de metano dos principais ecossistemas de arroz na Ásia). Developments in plant and soil sciences, volume 91. Dordrecht (Países Baixos): Kluwer Academic Publishers p 395.
Yamada, N. 1959. Alguns aspectos da fisiologia do bronzeamento. *IRC Novo* 8(3): 11-15.
Yashida, S. e A. Tanaka. 1969. Deficiência de zinco da planta de arroz em solos calcários. *Soil Sci. Plant Nutr.* 15(2):75-80.
Yashida, S. 1981. Fundamentals of rice crop science (Fundamentos da ciência da cultura do arroz). *Instituto Internacional de Investigação do Arroz*, Los Banos, Filipinas, 266 pp.

Printed by Books on Demand GmbH, Norderstedt / Germany